超LSI
共同研究所と
その波及

日本半導体製造装置・材料を世界一にしたプロジェクト

垂井 康夫 監修

超LSI共同研究所元所員 著

丸善プラネット

はしがき

　現在，ラピダスが日本の電子産業を復活すべく，経済産業省からの総額3兆円といわれる国費を投入し，2nm トランジスタを用いた高速システムを作る努力をし，期待を集めている。約45年前，通産省プロジェクトで300億円弱の国費補助金と民間資金によって行われたプロジェクト「超 LSI 技術研究組合」に設けられた世界初の異なる会社（富士通，日立製作所，三菱電機，日本電気，東芝）からの従業員で構成された研究所が「超 LSI 共同研究所」である。

　トランジスタは1948年に米国で発明された。戦後でもあり，日本はその後ろについて進んでいた。1970年代には電算機の巨人であった IBM が 1M ビットの半導体メモリーを開発しており，当時電電公社の副総裁が訪問した時，それを見せられたという噂が流れた。このようなメモリーを IBM が持てば，電算機の性能は大幅に改善され，日本の電算機産業が不利に立たされるので，上記の日本の電算機メーカー5社が通商産業省の補助金を得て「超 LSI 技術研究組合」を立ち上げ，その中に共同研究所を作った。

　この超 LSI 共同研究所は1975年からの4年間と定められた期間に，最新の超 LSI の製作をするのではなく，将来の超 LSI を作る基礎的・共通的な製造装置の開発に力を注いだ。1980年3月に超 LSI 共同研究所が任務を終えて解散し，開発された製造装置は上記の5社に納入され超 LSI 生産に使われた。

　その結果が後述する序論中のグラフに示される1981年からのシェアの急増である。この急増は米国の安全保障という壁によって止められ，さらには「日本で使う IC の20％を輸入品（当時米国製）とする。日本の輸出の価額は米国が決める。」などという今では考えられない協定を結ばされたため，これを機に日本のシェアは下がっていくのである。この事態がなければ今日においても

日本もそれなりの高いシェアをもって世界をリードし，ラピダスもより進んだ幅広い高度な技術レベルの上に進められたと残念に思うのである。

　ただデバイス技術は相当遅れているが，共同研究所の貢献の賜物と思われる製造装置と材料に関しては世界的に高い位置にある。2024 年の統計によると，世界半導体製造装置 14 兆円の内で日本のシェアは 32％である。半導体材料市場は 12 兆円で日本のシェアは 55％であった。ラピダスにも，この強い分野をさらに強くする事も期待したい。

　本書は田島節子先生（元共同研究所員，元大阪大学理学部部長，元日本物理学会会長）の御助言もあり，『過ぎ去ったことを忘れるのではなく，これを検証し，それを生かす』ためもあって出版することにした。次葉に掲げた田島先生よりお寄せいただいた一文には当時の超 LSI 研まわりの社会の様子とともに人材育成，研究のあり方について提言されている。本書では超 LSI 研で行われた共同研究方式の成果と波及について実務を担当された方々の実体験が述べられており，今後の参考にしていただければ幸いである。

　2025 年　早春

垂 井 康 夫

|寄稿|

超 LSI 共同研究所時代の社会実態と今日における人材育成の重要性

元日本物理学会会長　田島節子（旧姓　紫垣）

■超 LSI 共同研究組合の思い出

　私が超 LSI 共同研究所に在籍したのは，たった2年間でしたし，その後，主婦業を経て大学に戻りましたので，研究分野も変わり，半導体産業の最先端でがんばってこられた皆様方とお目にかかることもなく，何十年か過ごしました。最近になって，6研が同窓会幹事担当になったときにお手伝いしたことから，時々顔を出させていただいております。定年までカウントダウンという歳になって，第2の人生を過ごされている先輩方の生き方を参考にさせていただきたいという気持ちが，参加の主な動機でした。

　現在大阪大学に勤務していることから，昨年思いもかけず第4研究室の同窓会にお誘いいただき，晩秋の丹波・篠山への旅に参加いたしました。24歳で研究所を退職して以来，ウン十年ぶりにお目にかかった方々もおられ，本当に懐かしく楽しい時間を過ごさせていただきました。その場で提案されたのが，この冊子の編纂で，行きがかり上なぜか私も原稿をという話になりました。4研の研究員でもなかった私がなぜ，と思われる方も多いと思いますが，それはこのような事情があったためです。

〈共同研究所というところ〉

　複数の企業からの出向社員が，一つの場所でプロジェクト研究するというスタイルは，多分超エル研が最初だったのではないかと思います（恩師の田中昭二先生がそうおっしゃっていました）。これが成功したため，その後，これを真似た国家プロジェクトの共同研究所がいくつかできたと聞いています。私は，奇しくも，もう一つの共同研究所も経験しています。銅酸化物高温超伝導体が発見された直後，45社からの出向研究者が集まった研究所が設立され（1988年），私はそこに1989年から15年間勤務いたしました。45社から2名ずつ，合計90名の研究者が一同に集まって行うプロジェクト研究というのも壮観な

ものですが，これだけ多くの会社が関わっていると，個々の企業のカラーなどはなくなってしまいます。それに比べ，超エル研はたった5社でしたので，各社の社風のようなものが自然と見えてくるように感じました。

　私自身は，NEC に入社して3日後に超エル研へ出向したので，NEC の社風を知ることなく共同研究所の世界に入ってしまった異分子です。その異分子から見た各社の印象を少しお話します。一番わかりやすいのは，F社の方々です。自社の秘密を絶対に漏らすことのないよう非常によく教育されている，という感じを受けました。定期的に出向元に帰っておられましたし，何事もきちんとしていて，そつがない。それと対照的なのはT社で，あけっぴろげで豪放磊落。もしかすると社の秘密もダダ洩れかも，という感じでした。N社はその中間くらいでしょうか。会社の中のエース級を送り出してくる会社と，2番手を出してくる会社…，自ら身を削ってプロジェクトを成功させようとしている会社と，成果だけうまく吸い取りたいという姿勢が見え隠れする会社…そういうのも，何となくわかる感じがして，大変社会勉強になりました。

　このときの各社の印象は，後に大学教員となったとき，学生に就職先についてアドバイスする際の参考にしてしまっています。それが裏目に出てしまったこともありますが…。（最近の大企業はいつ傾くかわかりません。一寸先は闇。社風も何も関係ありませんね。）

〈女性研究者としての思い出〉

　多分，私は超エル研で唯一の女性研究者だったのではないかと思います。今，私は大学人として仕事をしていますが，女性であることで苦労したことはほとんどありません。理解ある先生方に囲まれて，幸せな研究者人生を歩んでこられたと感謝しています。超エル研でも，皆さんにかわいがっていただいたので，いやな思い出はほとんどありません。でも，よく考えると「変だな」ということはいくつかありました。男女共同参画などという言葉がなかった時代です。世の中の価値観が変わるには，一世代かかると思いますが，まさに50年近くかかって“ようやく変わった”今の世の中を感慨深くながめています。

　そもそも私が大学を卒業した1977年は，石油ショックの後の就職超氷河期でした。大学卒の女性の求人はゼロ。外資系の会社以外，本当にゼロでした。

指導教員（上述の田中先生）が「今度超 LSI 共同研究組合というのができたから，そこに採用してもらえ」と言われましたが，垂井所長から「どこかの会社を経由して出向という形で来てください」と言われ，5 社にあたってもらいました。結果として受け入れてくれたのが NEC でした。その年，本社採用の大卒女性は 3 名。全員が私のような「裏口入社」でした。本社採用なのに，入社式は宮崎台の中央研究所で，研究所採用の短大卒・高校卒の女性たちと一緒でした。新人研修も彼女たちと一緒で，3 日間のみ。その後，私はすぐに同じ敷地内の超エル研に出向となりました。

　研究所に行って NEC の川路室長率いる第 6 研究室に配属となると，一番年齢の近いのが 30 歳の永瀬さんでした。全員が 35 歳前後のバリバリの現役研究者・技術者で，22 歳学部新卒の私がいることにかなり違和感を覚え，本当に不安になりました。2～3 か月たった頃，新人研修を終えた修士卒の新入社員が配属されてきました。6 研にも東芝から山部さんが来られ，ホッとしたのを覚えています。男性社員と同じような新人研修を受けそこなったことを心配して，川路室長が NEC の事業部に掛け合ってくれて，夏休みに 1 か月ほど，半導体事業部で「たった一人の新人研修」を受けました。すべてマンツーマンの講義です。製造ラインのことを少しですが勉強できたこと，昼夜 3 交代制で働いておられる女性工員の方々と知り合いになれたこと，など貴重な経験でした。

　異例な扱いは他にもありました。初任給が，大学の同級生（同じ学科からもう一人 NEC に入社していました）より 1 万円少なかったのです。当時，大卒初任給は 10 万円でしたから，これは結構な差です。父親にそのことを話すと「女性はすぐ辞める確率が高いからだろう」と言われましたが，さすがの私も「何か変だ」と感じました。指導教授に話したら，即座に会社に交渉してくれて，翌月から給料が 1 万円アップしました。これにもびっくり。何だか後ろめたい気持ちにもなりましたが，私以外の女性社員も皆同じように給料アップしたのだろうから，それは会社のシステムが変わったということなので，よかったんだと思うようにしました。以来，どの企業も，大学卒の女性と男性で給与の差を最初からつけるということはしなくなったと聞いています。

　2 年後に研究所を辞めることになったときも，少し悲しい思いをしました。

伴侶となる人が1年間ドイツに留学するというので、一緒に行きたいと思ったのですが「私費留学のために1年間休職する」ということがなかなか認められませんでした。1年後に戻ってきたときには、超エル研プロジェクトは終わっており、私は事業部に配属となることが決まっていました。その受け入れ先である事業部から、留学先の研究テーマなどに細かな注文がついたのです。事業部から見れば「留学」など「遊びに行く」も同然。中央研究所の夫が留学することさえ、腹立たしいと思っている人たちからは、到底受け入れがたいことだったのだろうと思います。間に入ってくださった清水室長が疲れ果てるくらい、いろいろ難癖をつけられ、結局自主的に「依願退職」することにしました。川路元室長からは「NECにしがみつく理由なんて何もない。やめたほうがいい」と言われたものの、正直、とても残念な気持ちでした。

　ただ、人生何が幸いか災いか、わかりません。ここで会社を辞めたことが、その後の私の人生を大きく変え、結果的に今の私があるのは、あの決断のおかげだと思っています。親身になってアドバイスしてくださった清水室長、川路元室長に感謝しています。

　さて、こんな体験も昔話のように感じられる世の中になりました。女性研究者も少しずつですが増えていると思います。子育てしながら、家事もこなし、仕事も…というのは、どう考えても大きなハンディキャップですが、それでも少しずつ状況はよくなっていると信じています。皆さんのお孫さんの時代には、もっともっと女性が理系の研究職に入ってくるようになるのではないでしょうか。もし理系に進学したいという希望を聞いたら、どうか応援してあげてください。

〈おわりに〉

　私は途中で辞めてしまいましたが、超エル研のプロジェクトは大成功し、その後の日本の半導体産業の隆盛を築き上げたと聞いています。私がドイツから戻り、出産・育児の合間に博士論文を書いたときも、当時1セット100万円したパソコンを購入して自宅で仕事ができたことが大きかったと思っています。超エル研にいたときは、半導体を高集積化して何ができるのかわかっていませんでしたが、その後、身をもって体験したと言ってもいいでしょう。しかるに

…日本の半導体産業はなぜ今このような状態になってしまったのか。アジアの追い上げが世界の趨勢とはいえ，ではなぜアメリカは頑張り続けられるのか，知りたいと思います。半導体以外の産業でも，同じことが起きる可能性は十分あります。過ぎ去ったこととして忘れるのではなく，日本人は是非これを検証し，その経験を生かすべきではないでしょうか。まあ同じことを繰り返すのが人間なのかもしれませんが…。

〈四研同窓会誌より転載〉

■研究開発と人材育成の重要性 （2024 年 5 月）

　上の文章は，2018 年にかつての第四研究室の方々へ向けて書いたものでしたが，思いかけず垂井先生のお目にとまり，この書籍にも転載していただくこととなりました。少し追加の紙面をいただけることになりましたので，最後の段落に書いた日本の産業の現状と将来について，日頃感じていることを書きたいと思います。

　上で私が「知りたい」と書いた半導体産業凋落の原因については，現場で体験された方々がいろいろな意見をお持ちだと思います。複数の要素が絡んでいるのでしょうが，一つの原因が米国による「日本たたき」にあったことは確かです。その恐ろしさを痛感した私の恩師（田中昭二先生）は，1988 年，発見直後の銅酸化物高温超電導体の実用化を目指す共同研究所を設立するにあたって，国際化を真っ先に考えられたと聞きました。国際超電導産業技術研究センターという組織名をつけ，「日本はこの新物質を産業化するにあたって，国際協調のもとに進める」という姿勢を，世界に表明したのです。それがどの程度効果があったかはわかりません。ただ，少なくとも超電導研究分野では，物理などの基礎的な研究でも日本は世界のトップを走りましたし，日本に対して「基礎研究ただ乗り論」は起きませんでした。半導体の後，太陽電池や液晶など，日本が先頭を切って走り世界の頂点を極めたものはいくつもあります。しかし，今度は中国をはじめとするアジアの国々に，市場化のところで最後の果実を持っていかれました。日本の立場は逆転したのです。

　一方，バブル崩壊は，原因が研究開発とは別のところにあったにもかかわらず，その影響は技術者・研究者にも及びました。企業から中央研究所が消え，

長期的視点での人材や技術開発への投資が大きく減り，優秀な人材の海外流出も起きました。日本企業が最も大事に維持しておくべきだったもの，一度失ったら取り返すのに何十年もかかるもの…それは人（技術者・研究者）と人材育成の風土だったのではないかと思います。今は，若手社員に学術論文の書き方を教える上司もいなくなりつつある，と聞きました。産業が衰退すると関連学科に入学する学生も減り，ますます次世代の人材育成が難しくなり，負のスパイラルに陥ります。遅きに失した感がありますが，最近政府が安全保障の観点から半導体の重要性に気づき，人材育成に力を入れ始めたので，何年後かわかりませんが，いつかは日本も少しは巻き返せるのではないかと期待しています。

　人材育成に関することで言えば，少し話が飛びますが，国立大学の予算を減らし教員数を減らすという「大学改革」が，近年の研究力低下の原因であることは明らかです。これも，日本が最も大事にすべき「人材育成」を軽視した政策の失敗例だと思います。残念ながら，回復には何十年もかかることでしょう。

　何事も数は力ですので，少子高齢化で人口減少の日本に明るい未来はない，といった悲観的な見方が出てくるのも仕方ありません。が，ここで日本の現状を変えるかもしれない象徴的な例をご紹介します。私が15年半在籍した上述の国際超電導産業技術研究センター・超電導工学研究所（SRL）には，センターに雇用されている研究者数名のほか，賛助会員企業からの出向研究員が約90名，国内外からの博士研究員（ポスドク）が10〜20名いました。海外からのポスドクは，アメリカ，イギリス，ドイツ，フランス，イタリア，中国，ロシア，エジプト，インド，韓国，台湾，ニュージーランド，チェコ，ポーランド等々，実に多彩な国々から来ていました。その中には，母国に帰国後再び来日し，日本の大学教員となった人も二人います。

　最も驚くべき事例が，日本に残ってベンチャー企業を設立した人です。25年間ものプロジェクトが終わった後，賛助会員である日本企業の中で，本腰を入れて高温超電導体の製品化に乗り出すところはあまりありませんでした。収益を考えると，新規産業に乗り出すにはリスクが大きいと判断されたのだと思います。そんな中，研究所で培った技術をもとに，超電導線材を製造・販売する会社を立ち上げたのが，海外から来ていた研究者だったのです。自らが開発

した技術が世の中に役立つと信じ，新技術の実用化につきものの「死の谷」を超える勇気を持って，リスク覚悟で挑戦したのは，彼が日本人にはないバイタリティーを持った人だったからではないか，という気がしてなりません。現在そのベンチャー企業は，日本人を含め 18 か国からきた 80 人の従業員を抱える企業に成長しています。

　SRL にいたとき，私の研究グループの半数は外国人でした。異なる教育を受けてきた人たちがいると，優秀かどうかという基準とは別のものが見えてきます。日本人にはない発想をもち，日本人とは異なる研究スタイルの人たちがいることで，素晴らしい研究成果が生まれたという経験が数多くありました。今でこそダイバーシティーの重要性が喧伝されていますが，私は 20 年以上前に，それをあの研究所で体験しました。

　日本における移民問題の議論は，日本人がやりたがらないキツイ仕事を担当してもらうという発想から抜け出せていないように思います。研究開発を含めた創造的な分野でも，もっと外国人の力を取り込んでいくことが必要なのではないでしょうか。最近，急激に増えたインバウンドで，日本の景色もかなり変わってきました。「観光客」からもう一歩踏み込んだ関係を，海外の方々と築くことができたら，新しい日本の形が見えてくるのではないかと思う次第です。

目 次

はしがき（垂井康夫）   iii

「寄稿」超 LSI 共同研究所時代の社会実態と今日における人材育成の重要性
（田島節子）   v

目次   xiii

序論—日本の半導体は世界シェア 50%を得た後，なぜ下降を辿ったのか（垂井康夫）   1

1 章　超 LSI 共同研究所の設立前夜とその成果（垂井康夫）   7

1.1　超高性能電算機以前—IC の黎明期   7
  1.1.1　基礎的・共通的について—共同研の研究姿勢の原点   7
  1.1.2　電気試験所での研究と出会い   9

1.2　超高性能電算機の研究—「超 LSI プロジェクト」前夜   20
  1.2.1　電子ビーム描画装置の開発開始   20
  1.2.2　電子ビーム描画装置での描画開始   20
  1.2.3　電子ビームにおけるステップ・アンド・リピート   21
  1.2.4　光学ステッパー開発の萌芽   22

1.3　超 LSI 技術研究組合共同研究所の活動とその影響   23
  1.3.1　超 LSI 技術研究組合   23
  1.3.2　研究発表・見学   28
  1.3.3　IEEE IEDM 招待講演   29
  1.3.4　その後の動き   31
  1.3.5　共同研方式の世界への波及   32

1.4　超 LSI 共同研以降の私の研究活動   36
  1.4.1　東京農工大学へ出向   36
  1.4.2　早稲田大学客員教授   38

1.4.3 武田計測先端知財団	40
1.4.4 その他の財団活動	43
1.5 超 LSI 共同研究所の成果とその後の進展	**43**
1.5.1 DRAM	43
1.5.2 AI チップ	45
1.5.3 マルチビーム描画装置	46
1.5.4 ステッパー	47
1.5.5 シリコンウェーハ	47
1.6 おわりに	**48**

2 章　電子線源と電子光学系 （中筋護）　57

2.1 高輝度電子線源	**57**
2.2 輝度の測定例	**58**
2.3 Langmuir limit を超える高輝度の測定	**59**
2.4 ケーラー照明方式での輝度の計算式	**62**
2.5 Langmuir limit は何故誤りか	**68**
2.6 超 LSI の Testing やリソグラフィーに必要な電子線源および電子光学系	**69**
2.7 2 章のまとめ	**72**

3 章　微細電子線描画・検査技術とその変遷　73

3.1 ナノメートル用電子線描画技術の開発 （右高正俊・保坂純男）	**73**
3.1.1 超 LSI 共同研における参加企業の分担と出向者間の融和	74
3.1.2 ナノメートル電子描画技術の開発	76
3.1.3 共同研解散後の各研究員の活躍	80
3.2 その後の電子線描画技術の展開 （保坂純男）	**81**
3.2.1 熱電界放射（Thermal FE）電子銃	81
3.2.2 微細パターン形成の最適化	82
3.2.3 ナノメートルパターン形成技術	84
3.2.4 ブロックコーポリマーによる自己組織化法	85
3.2.5 ガイドラインの高精度電子描画とナノパターン形成	86
3.3 EB(Electron Beam) マスク検査装置の開発とその後 （久本泰秀）	**87**
3.3.1 1960 年代後半の MS（質量分析計）需要の世界的状況	88

3.3.2	超 LSI 共同研究所での開発経緯	89
3.3.3	超 LSI 共同研終了後	90
3.3.4	その後の EB 検査装置の市場動向	91

4章　可変成形ビームベクタースキャン型
　　　電子ビーム描画装置 (垂井康夫)　93

4.1	共同研究所の発表第 1 号	93
4.2	どのように任意の矩形の電子ビームを得るか	93
4.3	代表的メモリのパターン例	95
4.4	大口径ウェーハ，2.5 億パターンの 2 号機	96
4.5	アドバンテスト社による生産装置化	98

5章　汎用型電子線描画技術とその周辺技術の開発　101

5.1	電子ビームマスク描画装置の開発 (佐野俊一)	101
5.1.1	共同研設立まで	101
5.1.2	共同研で開発した電子ビーム描画装置	102
5.1.3	開発した装置	103
5.1.4	共同研終了後の歩み	106
5.1.5	共同研での経験の波及	108
5.1.6	今後の LSI の発展に向けて	109
5.2	ステッパーの開発経緯とその後 (篠崎俊昭)	110
5.2.1	共同研究所に入所するまで	110
5.2.2	共同研究所に入所してから	114
5.2.3	共同研究所の後	117
5.3	超 LSI 共同研での経験（電子線レジスト開発）とその後，及び 日本の半導体産業について (多田宰)	120
5.3.1	はじめに	120
5.3.2	超 LSI 共同研究所	121
5.3.3	共同研後の東芝での研究活動と半導体事業との関わり	127
5.3.4	Academic Society での風景	134
5.3.5	日本の半導体産業について	137

5.4　共同研のレチクルーステッパー方式とその前後の半導体産業（千葉文隆）145

　5.4.1　NEC 入社後の仕事と出会い 145

　5.4.2　超 LSI 共同研究所での仕事と出会い 154

　5.4.3　NEC システム LSI 推進開発本部 164

　5.4.4　時代の潮目，ビジネスの変化 169

　5.4.5　おわりに 170

6 章　結晶技術 175

6.1　Si ウェーハの作製（松下嘉明） 175

6.2　ウェーハのそりと変形（松下嘉明） 178

　6.2.1　ウェーハのそりと変形の定義と測定法 178

　6.2.2　切断条件との関係 180

　6.2.3　熱処理によるウェーハの変形 182

　6.2.4　ウェーハ変形に対する酸素の影響 184

　6.2.5　ウェーハのそりと変形のその後の状況 186

6.3　不純物評価（田島道夫） 187

　6.3.1　超 LSI 研における不純物評価 187

　6.3.2　PL 法によるドーパント不純物定量 190

　6.3.3　FT-IR 法による微量炭素不純物定量 191

　6.3.4　発光活性化 PL 法による微量炭素不純物定量 193

　6.3.5　評価技術の標準化 194

6.4　微小欠陥制御（松下嘉明） 195

　6.4.1　微小欠陥の種類 195

　6.4.2　微小欠陥の発生機構 197

　6.4.3　微小欠陥制御とゲッタリング 201

　6.4.4　微小欠陥制御のその後の展開 204

6.5　おわりに―第四研究室の成果の影響（松下嘉明） 206

7 章　クリーン技術と露光技術（岩松誠一） 209

7.1　クリーン技術 209

　7.1.1　クリーンルーム事始め 209

　7.1.2　超純水は純粋？ 210

目　次　xvii

7.1.3	プラズマ洗浄による薄膜無欠陥化	210
7.1.4	クリーン MOS FET の実現	210

7.2　露光技術 　211

7.2.1	短波長紫外線反射投影露光技術	211
7.2.2	EUV 露光装置	213
7.2.3	マルチ電子ビーム露光技術	213
7.2.4	マルチ電子ビーム露光装置の現状	214
7.2.5	マルチイオンビーム露光方式の利点	215

7.3　おわりに 　215

8 章　デバイス基礎技術および試験評価基礎技術 （清水京造）　217

8.1　電子ビーム描画ソフトウェアシステム（AMDES）　217

8.1.1	電子ビーム描画ソフトウェアの役割	217
8.1.2	近接効果	218
8.1.3	ビーム偏向ひずみ	224
8.1.4	ウェーハそり補正	224

8.2　試験評価基礎技術 　227

8.2.1	赤外線走査方式による精密温度測定システム	227
8.2.2	レーザー走査型デバイス解析システム	229
8.2.3	超 LSI テスター指向超高速テストパターン発生装置	231

8.3　デバイス基礎技術 　232

8.3.1	概要	232
8.3.2	DSA	233
8.3.3	MSA	235
8.3.4	QSA-SHC RAM	236

8.4　現在のデバイス並びにスーパーコンピュータ等システムの動向 　238
　　　（性能評価指標；情報量子の展開）

おわりに 　241

序論

日本の半導体は世界シェア 50% を得た後，なぜ下降を辿ったのか

超 LSI 共同研究所元所長　垂井康夫

　まず次頁に示した世界半導体シェアのグラフからスタートしたい。日本の
シェアは左の方の超 LSI 研究所が研究中の 1977〜1980 年は 20% 台である。プ
ロジェクト超 LSI 共同研究所が 4 年で終了し，開発した装置が親会社，富士通，
日立製作所，三菱電機，日本電気，東芝の各社に供給され，それを用いた生産
が行われるようになるとシェアが上がり始める。まずそれまでの状況を述べる
ことにする。

■超 LSI プロジェクトへの米国の反発

　超 LSI 技術研究組合が 1976 年にできてから，米国内でこの国家プロジェク
トは何をやっているのかという疑念が生まれ，その後，日本は国費を使って超
LSI の研究を進めていると声高に叫ばれた。米国では当時，国の資金で民間の
開発はできなかったので「日本は国費で開発をやっているので，けしからん」
とのことである。実はこの主張は自分たちも「国費を使ってやらせろ」という
主張である。これは一応単純だけれども強硬派と呼んでおこう。実は，その後
の日本側の出方によってこの強硬派が，主流になっていくのである。

　一方，IEEE は米国内での関連する学会を合併して設立された学会である。
日本にも支部があり，全世界の電気・電子部門，関係する世論にも強く関与し
ている学会で，当時の日米間の反発に対しても両者の意見を聞いて判断しよう
という良識のある機関であり良識派とでも呼べる団体である。この IEEE の
IEDM（電子デバイス会議）が 1977 年 12 月の全員会合の最初の招待講演とし
て超 LSI 共同研究所に講演を依頼してきたのある。

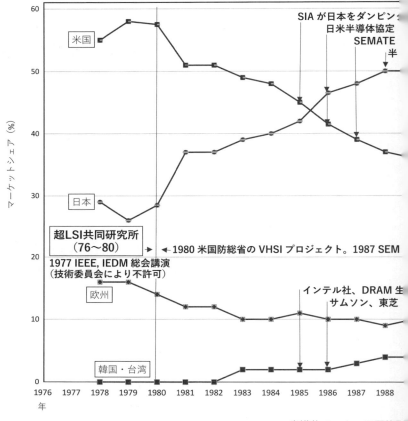

半導体メーカーの国籍別
（小宮啓義『日本半導体産業の課題』）

　垂井は早速上司である根橋専務理事にこれを伝えた。しかし根橋専務から研究組合の決定として共同研の話は許可できない。日本国内の既発表の調査報告ではどうかと言い渡された。私はこの決定が，その後の日米間の関係の悪化，ひいては50％まで上がったシェアが，その後下がっていった原因の最初の決定だと思っている。それくらい国際常識から外れた決定だったのである。

　日本の味方になる可能性の高かった良識派であるIEEEからの招待講演を断るのは，日本の超LSI共同研究所が国の予算で超LSIの研究開発関連を行うのはけしからんという見当違いの言いがかりは自分たちも国の予算が欲しく，結

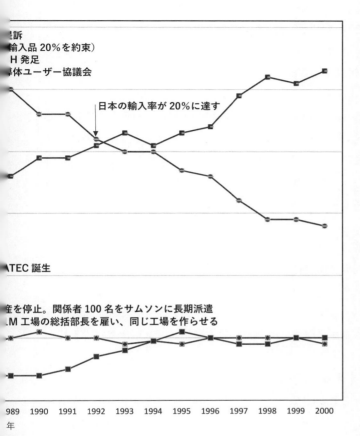

市場占有率推移（1978-2000年）
電子ジャーナル, p.8, 図1-1（2004）より作成

局は日本よりも多くの予算を獲得して，米国のこの方面の予算の在り方を変えてしまった強硬派の立場を強めてしまった重要なタイミングであった。

その後何もなければ見過ごせたことかと思うが，日本のシェアが50％からとめどもなく下がっていった原因をたどっていくと，このときの状況判断に行きつくのである。これを機に強硬派に対抗する日本人はいなくなり，IEEE側も日本人がやる気がなければと諦めてしまうのである。

その後も成果を生み出す元である共同研に対する国からの説明はないにも拘わらず，共同研の成果が日本国内の新聞によって次々と発表されることに対し

4

て，米国内での疑念と反発が高まり，遂には米国の国家安全保障の問題にまで
発展し，超 LSI 共同研究所が解散した 1980 年には「自分たちもやるほかない」
と米国国防総省の支援による VHSI（Very High Speed IC）プロジェクトが開
始された。

　このプロジェクトは High Speed と謳っているけれども，内容としては共同
研の超 LSI 技術を後追い・支援するものであった。マーケットシェアのグラフ
で，この VHSI の始まった 1980 年を見てみると，マーケットシェアは 2 年前
よりも低いくらいで，まだ貿易摩擦が始まっている訳ではない。純粋に超 LSI
共同研の脅威に対抗するものであることが分かる。

■日米半導体貿易摩擦

　その後，超 LSI 共同研究所で開発した製造装置と超 LSI グループ研究所で開
発した超 LSI の製造ノウハウを使うことによって，日本のマーケットシェアは
急速に増加を始める。1985 年に 40％を超えたところで SIA（Semiconductor
Industry Association，米国半導体工業会）が日本に対しダンピング提訴を行う
が増加は止まらない。

　翌 1986 年に遂に日米半導体協定によって「1992 年末まで輸入品を 20％にす
る」という約束をさせられる。なぜこんな歴史に残るようなアンフェアな協定
を日本が受け入れたか？米国は伝家の宝刀，国内包括通商法 301 条を持ち出し，
その発動をチラつかせたのである。すなわち，日本が必死になって超 LSI のノ
ウハウを守ろうとしている時期に，頭越しの艦砲射撃のように数量規制が行わ
れたのである。

　この協定を実行することは大変だったようである。その後もグラフで分かる
ようにマーケットシェアは増え続け，1998 年に 50％を超えたが，輸入品 20％
は全く満たされなかった。そこでこの年，日本国内で半導体ユーザー協議会を
発足させ，輸入の促進を図った。この協定は大変不条理に満ちたものであった。
しかし，約束は守らねばならないので，約束の 1992 年の第 4 四半期に強引に
20％輸入を実現した。相当な無理をしたため歪みが残ったと思われる。

■ SEMATECH の発足

　この間，米国では日本に対抗するため共同研究所を作ろうと着々と準備が進められた。1987 年に米国における独占禁止法に当たるアンチトラスト法の下でも政府の補助が民間で使えるように変えて，国防総省と米国に本社がある半導体メーカーが 1 万ドルずつ投じた SEMATECH（SEmiconductor MAnufacturing TECHnorogy）がスタートした。SEMATECH は日本に対抗するために始まり，当初はプロセス，デバイスに重点をおきスタートしたが，その後，日本の超 LSI 共同研究所と同様に半導体製造装置開発に重点をおいた。それが功を奏し，1993 年にはグラフで分かるように米国のマーケットシェアも回復し始めている。

　そこで 1995 年には政府資金援助は終了し，非米国籍企業の参加が認められるようになった。1998 年には International SEMATECH を発足させ，共同で半導体製造技術を開発する世界規模のコンソーシアムへと発展した。

　日本が自主的に 50％にならないように努力していれば，悲劇は避けられたと思うのであるが，元超 LSI 組合の技術委員会委員に聞いても「自社が日本一になることだけを考えていた」ということで，5 社による自主規制は望めそうもない。

　考えて見ても，それができるのは補助金を出した当時の通商産業省（現経済産業省，略称 MITI）しかなかったのではないかと思う。通産省が研究組合に指示をして 50％以下に抑えたならば，『素晴らしい MITI』の名がとどろいたと思う。大臣かその周辺がそれを考えて，首脳会談は握手と将来の協力の話にするべきだったと思う。そうすれば，今頃，超 LSI 産業も輸出産業で最近の円安問題もなかったかと思われる。エルピーダメモリー社が潰れたのは円高による影響が大きく，当時 1 ドル 80 円台だった。

　さらには，共同研解散後も日本半導体が世界一になる前に米国での現地生産を進めるべきだったと思う。半導体摩擦が激しさを増した 1985 年以前に現地生産をすべきだったと思う。日本自動車工業会によると自動車はこの 1985 年に 296,589 台を現地生産している。日本の自動車産業の方が，フレキシビリティと我慢強さを持っていたようである。

■日本製品の過剰品質

　1988 年あたりからの日本シェア減少の 1 つの原因は日本製品の過剰品質にあると考えている。日本の DRAM の品質，寿命の長さは，米国の会社の試験によって一番良いと確認され，世界に轟いた時代もあった。日本人気質としては，この方が安心である。しかし，その反面，コストがかかるのである。日本以外では，許される範囲においてコストを下げることに注力したようである。

　この許される範囲においてコストを下げるという発想は日本にはなかったと思う。トランジスタ，IC と発明してきた米国には，このような新発想も生み出す多様性もあったということである。かくして，日本 DRAM 各社は売上げ不振となり 2000 年にエルピーダメモリー社に統合される。

■サムソンなどの進出

　上で述べたマーケットシェアのグラフにおける 1996 年以降の日米の対称性のわずかな差は，韓国などのアジア勢の進出にあると思われる。サムソンの発展の歴史を見ると米国，日本からの技術移転が多く見られる。例えば，1984 年にはマイクロン社からの設計技術の移転が行われ，1985 年にはインテルが早々と DRAM の生産を終了し，その技術と 100 人以上の人員をサムソンに移転したということである。日本からは 1986 年に当時最新鋭だった東芝大分工場の総括担当製造部長をスカウトして，大分工場と同じ工場を作らせたということである。かくして 1992 年にサムソンは DRAM 世界一となるのである。すなわち，世界一になるのが悪いのではなくて，世界一になったあと日本はわざわざターゲットになるような振る舞いをしたため米国の反撃にあい，その後の発展ができなかったのだと思う。

1 超LSI 共同研究所の設立前夜とその成果

超 LSI 共同研究所元所長　垂井康夫

1.1　超高性能電算機以前— IC の黎明期

1.1.1　基礎的・共通的について—共同研の研究姿勢の原点

　この言葉は共同研においては色々な場面において使用した言葉である。一番離れた所では，研究員を派遣していただいた会社の現場の部長を集めた会合で，部長という立場からこんなに各社が集まって共同研究すればノウハウが漏れてしまうと心配される方々に対してである。

　そこで私は「基礎的な研究をやりますから，ノウハウは要りません。出来上がった超 LSI の製造装置は，各社に共通的にお使いいただけます」と言って，納得していただいた。

(1)　基礎的・共通的のはじまり

　私の中でこのような言葉を考え始めたのは 17 歳の時である。1945 年太平洋戦争末期，特攻隊でどんどんパイロットを失い，パイロット不足に陥った日本軍はその補給に若い層を集めようと『幼年航空士官学校』と称する学校の生徒募集を始めた。

　当時，私は東京から郷里の岡山県に疎開して津山中学校の 3 年生であったが，日本軍に徴収されたグンゼ工場に住み込みで海軍の陸上攻撃機の鋲打ち作業をやっていた。小学校の頃からの軍国教育で，国のため，天皇陛下のためには命を捧げるものと覚悟を決めさせられていたから，この学校に応募して身体検査

まで受けた。そこへ，8月15日終戦の日がやってきた。

（2）　生きる基盤の崩壊，変わらないものは何か

　天皇陛下の話をよく読んでも分からない。なにしろ，それまで天皇陛下のために死ぬように教育されてきたので，今までの生きてきた基盤がなくなってしまい，生きる目標がなくなって，何を基盤に生きていくかが分からなくなってしまった。今度は変わらない基盤を得たいものと哲学書なども買って何冊も読んだが解決には至らなかった。しかし現実は厳しく，戦争が終わったのだから，それ以上疎開先に迷惑はかけられない。

　しかも，終戦とともに東京に帰る人が多かったため転入制限が敷かれ，当時の高等学校以上に入学しないと転入が認められないことになり，旧制の学校システムでは中学校は5年制で，上の高等学校に入れれば4年修了，今でいう飛び級が認められていた。

　そこで，終戦から6か月間即席の受験勉強をし，陸軍士官学校や海軍兵学校の入学1〜2年の出戻り受験生との大混戦の末，早稲田大学の理工学部に入学することができ，東京に戻れた。

（3）　早稲田大学において

　ラピダスの小池社長も早稲田大学の電気工学科卒で，アメリカンフットボール部に入っていたというお話であるが，終戦の次の年でもありそんな洒落た部はなかったと思う。私は，飛行機工場などに動員された時間のロスなどから，それまでできなかった学問への意欲が大変強くなったように記憶している。

　戦後求めた"変わらない基盤"としての数学に目を付けていた。数学は新しく発展しているが，今までのものを否定するものは出てこないようである。それにお誂え向きの特別の講義があった。高等学院の数学担当の西垣先生の普通の講義よりも上級の数学の特別講義を聞きたい学生にだけ講義する，数学部という集まりである。西垣先生は自分が勉強したことを話すことが励みになるという理由で，休日には自宅に呼んでいただいたこともあった。

　大学時代，数学について次のような文を読んだことがある。ある種の数学者は，応用ができない数学を考えだすのが一番名誉と考える。それだけ抽象性が高く見えるからである。ところが今まで発表された数学のすべては，最初は使

えそうに見えなくとも必ず数年で応用されてしまうのである。すなわち，いかに数学が基礎的・共通的であるかを示している。ところが面白いことに工業にとって重要な特許については，数学から生まれることは極めて少ないという。

1950年は私の学部での最終年度であり，卒業論文作成の年であった。卒業論文は各先生がテーマを発表し，これに学生が応募する。当時私も若くチャレンジ精神に満ちていたようで，数学的で難しいものを選ぼうと探し，石塚善雄先生の『テンソルによる凸極発電機の三相短絡の解析』というテーマを選んだ。研究を進めていくうちに実際はテンソルを使わなくてもマトリクス計算で済むことが分かり比較的容易になったが，出来上がった論文はマトリクス計算ばかりがぎっしりと詰まった論文となった。

1.1.2 電気試験所での研究と出会い

1951年は私が大学を卒業して通産省工業技術庁電気試験所に就職した年である。我々は新制大学の1期生であった。

新制大学には修士課程が新設され，大学院への人数が大幅に増えると聞いていたので，就職試験は受けないで大学院にいくつもりでいた。ただ，公務員試験だけは腕試しのつもりで受験しておいたら，比較的に良い成績で合格し，電気試験所からお誘いの通知が来た。

電気試験所は創立が1891年で，終戦の時は商工省に所属していたが，その後1948年にGHQ（連合軍総司令部）の命令によって強電部門を残し，弱電部門を分離して電気通信省電気通信研究所が新設された。私は電気工学科であったので，それまでの講義においても電気試験所は日本の発電，送電，配電などの指導的立場にあった事実を聞かされていたので，大学院に行かなくてもよい研究環境が与えられるのではないかと思い，応募して採用された。配属はスマートメータと告げられた。

（1） トランジスタ発明3年後，その研究に入る

ところが4月1日に東京永田町の首相官邸のすぐ下にあった電気試験所本部に出頭したところ，鳩山道夫物理課長が待ち受けていて，今，物理学者が集まってトランジスタの動作原理を研究しているのだけれども，電気測定をする

人がいないので困っている，是非，半導体を一緒にやってくれと言われて，それをお引き受けしたのが，私の半導体への道のはじまりで運命の転機であった。

　鳩山さんによれば，私が入所に際して提出した身上書の中で「スポーツと英語が好き」と書いたのが気に入って決めたという話であるが，この2つについても鳩山さんにその後色々と教えていただくことになる。

　配属は材料部物理課電子物理研究室と何とも不思議な名前の研究室であったが，後に東京大学教授になるような有能な物理学者が大勢いた中で，一人で半導体の測定をスタートした。

　研究をスタートして暫くして感じたのは，国立研究所である点もあり，理学研究のせいもあると思うのだが，テーマの選択と進め方に命じられたある範囲内で選択の自由度があることである。その選択をどうしたらよいかを考えた。自分のテーマに集中しているような先輩の方にお伺いをしてみると，より学問的なテーマを選べばよいとか基本的なものを選べばよいといった貴重なご意見を数々いただいた。

　これらに終戦後，抱き続けてきた"変わらない基盤"と重ね合わせて，『基礎的・共通的』という言葉が生まれた。この言葉はテーマの選択に使われるだけでなく，人生の岐路のおいても判断基準として使えると思っている。

(2)　鳩山家と国際性

　鳩山道夫さんは私に半導体の入門をさせて下さった方で，色々なことを教えていただいた。鳩山さんは電気試験所で大勢の部下・弟子をもったが，鳩山さん自身の学位論文の仕事を手伝った助手的な立場であったのは私だけだったと思う。私の仲人もお願いした。

　鳩山道夫さんは鳩山一郎首相の甥にあたり，奥様が一郎氏の娘と伺っている。音羽の鳩山一郎邸の隣地にお住まいで，正月の2日には鳩山道夫さんに御縁のある人々が何十人も集まって，楽しく過ごさせていただいたものである。その後ノーベル賞を受賞する小柴昌俊先生も，角瓶をぶら下げて毎年訪れて，大きいお話をして皆を笑わせていた。

　鳩山家は遺伝学の本に優秀な家系として載るほど家柄のすぐれた一族であり，豊かな環境にあった。そのためか，持って生まれた大らかさ，人の幅の広さな

ど人間的な魅力に溢れた方であり，それは国際舞台でも通じるものであった。

1953年夏，日本でまだ開催されたことのなかった理論物理国際会議が京都で開催された。ここでも鳩山さんの国際性が発揮された。会議が終わってから，鳩山さんはトランジスタの発明者の一人であるジョン・バーデーン博士を電気試験所，電気通信研究所などに案内された。図1.1はその時のスナップである。私は撮影と録音の係だった。

鳩山さんの元で私がやった仕事の一つは私が組み立てたヘインズ・ショックレー法によって，研究室で純化したゲルマニウムの品質を確かめることなどである。鳩山道夫さんは私にエネルギーバンドのできる理論からトランジスタの入門をさせてくれた恩人であ

図1.1　バーデーンと鳩山課長

り，色々のスポーツ，海釣りなど教えていただいたが，エレクトロニクスの波が私を次のステージへ連れて行くことになる。口絵①は鳩山夫妻の結婚50周年「記念パーティ」におけるお二人である。この写真に示されるように明るい社交的なご夫婦である。

(3)　電子部の創設

1954年に電気試験所に電子部が新設された。前にも書いたように，電気試験所は1949年に通信部門を分割し，その後，その分野が電電公社に移行していたので，電気試験所には弱電部門がなく，国立研究所として必要があるということになっていた。

そのような背景の中で，和田弘氏によって電子部の計画が進められた。和田弘氏はMITのフォン・ヒッペル教授のもとに留学して，米国におけるエレクトロニクスの急速な進歩を目のあたりにして，これからはエレクトロニクスの時代と感じて帰国された。

帰国後早速，電子部を計画し，関係する部から研究員を集めることになった。物理部からもトランジスタをやっている人が欲しいと和田部長から鳩山さんに話があり，私は電子部へ移ることとなった。

(4) 工学者としての在り方

　和田弘部長は筋を通した考えと割り切ったやり方で物事を処理される方で，我々にとって大変怖い方であった．理由は忘れたが，よく叱られた記憶がある．秘書に井上民子さんという和田部長を上手くなだめてくれる人がいて，あまりひどいことにはならなかったようである．

　1954年，工業技術院にゲルマニウム委員会が設けられゲルマニウムの国産化が進められることとなり，和田部長はその推進に尽力された．

　その時の命令も論理的で割り切った言い方であった．部長室に呼ばれて直立不動でいる私に，部長は『ゲルマニウムを国産する．その性能を調べるためにはトランジスタにして，そのパラメータを測定しなければならない．そこで，トランジスタの重要なパラメータを測定しなければならない．したがって重要なパラメータを測る測定機が必要である．予算は出すので，委員会の前までには必ず完成させること．その後の学問的な発表は全部君の仕事としてよい』と言った．内容としては普通のことであるが，最後まで考えて最初に言い渡してくれる思考や指示手法に新鮮さを感じた．

　このゲルマニウム委員会では測定機を検討し，3つのパラメータの測定機を選び発注した．しかし委員会には間に合いそうになくなり，未完成のまま納入してもらって，私も一緒に数日間，永田町の研究室に泊まり込んだ．コンクリートの上にボール紙を敷いて仮眠した思い出がある．しかしお陰様で，後に柳井久義東大教授が委員長を

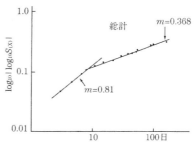

図1.2 トランジスタの信頼性試験
1956年9月に発表された国産トランジスタの信頼性試験の結果．劣化率が時間とともに減少していくことが分かった．

務められた半導体の国際規格 IEC—テクニカルコミュティ47委員会で認められ，国際規格でも採用され，後に柳井先生のお薦めで私の学位論文となった．

　トランジスタは本質的には劣化はないと考えられている．しかし，当時のトランジスタはよく劣化した．それを調べるために行った信頼性試験の結果を図1.2に示す．直線に乗る部分が各劣化原因で，それらが出切ると寿命は無限に

1.1 超高性能電算機以前—IC の黎明期

なり本質的な劣化はないと考えられた。

(5) 電気試験所の立ち位置—和田部長の辞任

その後，電気試験所では何をやるべきか，ということが問題となった。当時電気試験所には家庭用電力計の検定を行う検定部という部があった，和田部長はその分離を主張した。標準に対しても和田部長の意見は標準の元になるような研究を行うべきであって，標準器の番人にあるべきではないと主張した。

和田部長は電気試験所という名称を電子に変えるべきだという主張が入れられず，電気試験所を去ることになるが，行先も決めずに辞めてしまった。弟子たちが和田さんを社長に会社を興したり，多くの弟子を育てられたので東京工科大学を近代化させた方々などの弟子達が『和田さんを囲む会』を作って和田さんが亡くなるまで活動を続けた。口絵②は 2005 年の囲む会で，中央が和田元部長，右側で話し相手をしているのが元東京工科大学学長の相磯秀夫氏である。筆者も末席にいる。

(6) TI の 2 年前に発明した "私の IC"

その間も多くの特許や実用新案を書き横河電機や安藤電機で実施されてきたが，今でも一番惜しかったと思われる特許が図 1.3 に示すものである。これは，発想のスタートはバイポーラトランジスタの入力インピーダンスが低いので電界型トランジスタを加えて高いインピーダンスにしたものであるが，もしも第一ク

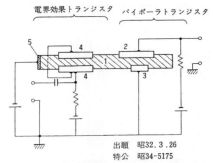

図 1.3 TI 特許の 2 年前に出願された筆者の IC 特許

レームを一つの半導体に 2 個以上のトランジスタを含む半導体デバイスというような表現をとっていればテキサスインスツルメンス（以下 TI）よりも 2 年前の出願だから，TI 以前の IC の発明となっていたと思われ残念である。

この点に関しては私の Wikipedia の論文等の脚注 3 に特許庁の大島洋一審査官が「垂井氏の特許は技術的視野が高いレベルであったことと，特許請求の範囲を狭くしてしまったことにより，キルビー氏のような大発明として評価され

14   1　超 LSI 共同研究所の設立前夜とその成果

る機会を逸してしまった」と述べている。

　第一クレームは広く書くのが常識であるが，なぜ狭くしたままであったかについて釈明すると，当時上司であった室主任が物理系で，かねがね真空管に複数個の電子管を纏めた複合管のようなものを考えるなよと言われていたからである。しかし，シリコン LSI の中では無数の数のトランジスタが結ばれて，真空管では不可能な数と機能ができてしまうのである。1＋1＝2 であってもその数が千個，億個となると，数の延長ではない別の価値を生み出すのである。キルビー特許では 100 個の配線で行きづまってしまうと思われる。その点からはシリコン酸化膜上の配線を使うノイス特許の方が有意義だと思われるが，裁判の結果，キルビー特許とノイス特許が半々に決まったというのも特許の判断の難しさかと思われる。

（7）　IC の試作

　垂井を研究室主任とするトランジスタ研究室が新設されて 2 年目の 1960（昭和 35）年，トランジスタの次の発展にどのような可能性があるかを模索していたときにアメリカからショッキングな情報が飛び込んできた。それは今でいう IC の情報であったが，当時そのような名称はなかった。

　1955 年に TI 社のいわゆるキルビー特許，フェアチャイルド社からノイス特許が出願されている。しかしながら，1960 年に入ってきた情報は特許に出されているような具体的な話ではなくて，何か固体の内部に回路が組み込まれているといった，良い点だけを述べたニュースであった。

　後で分かったのだが，TI 社のものはメサ型のトランジスタと半導体に棒状に成型した抵抗などを組み込んだもので，結線はボンデングによるリード線を使ったものであった。これではとても LSI ができるはずもなく，後にノイス特許による酸化膜上の配線を取り入れることによって今日の発展を見ることになる。

　さて，我々もすでに図 1.3 で示したように一種の IC を発明しており，このような方向に将来性を感じていたので，研究室次席の傳田さんと相談して我々の研究室でも作ってみようということになった。言うなれば追試であるから時間はあまり取れないので半年とし，回路はできたことがはっきりするフリーラ

口絵 1

口絵① 1951年，垂井は飛び級のような扱いで21歳で卒業，通産省電気試験所に入所した。待ち構えていた鳩山道夫物理課長に「いま物理屋が集まって日本にないトランジスタの研究をしている」と言われた。「測定者がいないから手伝ってくれ」と乞われこの道に入った。

結婚50周年記念パーティでの鳩山夫妻

和田弘様を囲む会
（2005年11月10日）

口絵② 1954年に電気試験所に電子部ができて，垂井も移って指導を受ける。その後和田部長が電気試験所は電子研究所であるべきだと主張したが，それが受け入れられないので辞任した。弟子たちは辞任を惜しみ「和田さんを囲む会」を亡くなるまで続けた。1979年に電気試験所は電子技術総合研究所と所名を変更した。

口絵③ 垂井は 1962〜63 年にスタンフォード大学に留学し，J.L.Moll 教授の下で世界初の強誘電体半導体メモリの実現に成功した。先生が 1997 年に C&C 賞を受賞された後，語りあったときのスナップ。

口絵④ 宮崎台の日本電気中央研究所の中のビルの 3 階を借用していた。超 LSI 共同研に対抗して欧米で大きい研究所が作られた一因として，共同研について開示がなされていなかった点がある。

口絵⑤ 共同研クリーンルームを視察中の自民党情報産業振興議員連盟の先生方。左から二人目が小泉純一郎代議士，次が根橋専務理事，小渕恵三代議士，一番右が筆者（垂井）

口絵 3

Dr. MacRae to Dr. Tarui: The best restaurant is right here.

口絵⑥ 話し合いの機会を作ろうと，米国 IEEE の電子デバイス学会が垂井宛に「超 LSI 共同研」の話をして欲しいとの申し入れを受けた．学会の始まる最初の単独講演であり，最高の場である．ところが，超 LSI 組合は講演を許さず，既発表論文のみとされた．写真は IEEE のニュースレターに載った IEDM1977 での講演風景である．座長のマクレイ博士がスライドの操作の説明をしている．"Dr. Tarui, The best restaurant is right here." 米国流のジョークである．

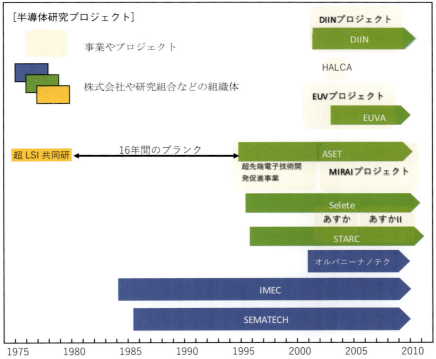

口絵⑦ 超 LSI 共同研究所の成果が上がったので，共同研究という方式が良いということで，欧米では大規模の共同研究が始まった．にも拘わらず，日本では次の半導体デバイスプロジェクトが立ち上がるまでに，共同研が解散してから 16 年もかかった．その理由は日米半導体摩擦にある．その原因の一端を本書で示したつもりである．

口絵⑧ 小林宏治日本電気会長には，このプロジェクトを推進する中心であった．最初，現場の部長達が反対するのを抑えてくださった．その小林さんから C&C 賞をいただいた．

口絵⑨ 工学部長に時計台が欲しいといわれ，研究生を大勢預かったシチズン時計に話をして，工学部本部の建物の前に立派な時計を寄付してもらった．

口絵⑩ 17 年後（1994 年）に私が日本の学会で強誘電体メモリの講演をしたところ，1977 年と同じ IEEE IEDM 電子デバイス学会の招待講演を受けた．17 年前の座長であったマクレイ博士が出迎えて，大歓迎された．

ンニング・マルチバイブレータとして最初シリコンで計画した．

　私もホトエッチングを担当し，KPR という感光液が使われるということで，坂田商会から入手した．一方，高橋精機にアライナーの元祖みたいなものを作ってもらって，東芝の高圧水銀灯の光を使ってホトエッチングの基礎データを完成させた．しかしながら数か月を経過した頃，6 か月間ではすべての基礎データを完成し，組み合わせて IC を完成させるのには時間が足りないことが分かってきた．

　そこでこれまで実現していた技術をフルに取り入れて，トランジスタもシリコンでなく傳田さんが実現していたゲルマニウムによる合金拡散型を採用することにして，抵抗にはゲルマニウムに錫とドナー不純物を加えて抵抗素子を作成したところ，1960（昭和 35）年暮れに発振することが確認され，完成した．

　このことは早速，日刊工業新聞の知るところとなり，当時はまだ集積回路（IC）という言葉は存在しなかったので，固体回路の名で 1961（昭和 36）年 1 月 11 月 21 日の同新聞に報じられ，これが日本最初の IC 発表となった．

　図 1.4 が新聞の記事．図 1.5 は喜ぶ 2 人．

図 1.4　日本初の IC 発表を報じる日刊工業新聞

図 1.5　国内初の固体回路（IC）の発表を喜ぶ傳田さん（左）と私

　この発表で一番ショックを受けたのは三菱電機であったようである．三菱電機は同社と近い関係にあったウエスチングハウスから IC の一種モレクトロニクスの情報を受け各種の回路を試作中であったが，我々の発表を追うように丁度 1 か月後の 1961（昭和 36）年 2 月 21 日に『モレクトロニクス 11 種開発』という発表を三大全国紙を通じて行った．これはシリコンを使ったものとのことであったが，当時の担当であった忍足博氏が語ったところによると，相当無

理に急いだ発表だったようである。三菱は2億円を投入したこともあって、いつ発表すれば世間の注目を引くか計算していた。ところが電気試験所の発表があったので、三菱もすぐにでも試作成功をしなければならなくなった。

　NHKの番組『電子立国日本の自叙伝』のディレクター相田洋氏がさらに突っ込んで聞いていくと、発表までにトランジスタを作り込むことができなかったため『それで、しょうがないから出来合いのゲルマニウムのピコトランジスタをシリコンに張り付けたんです。しかし出来栄えは素晴らしく、展示してもちょっと見には判別ができませんでしたから誰にも見破られませんでした。アハハハ。』（相田　洋；電子立国日本の自叙伝，下86頁）。これをもって、電気試験所の発表が日本最初と明確になった。

(8)　アルバート・ノイス氏

　ここで、ICを代表する学者ノイス氏について語っておこう。ノイス氏は1953年にMITから物理学のPHDを取得，1957年にムーアを伴ってフェアチャイルドセミコンダクターカンパニーを設立。1968年に親会社との意見の対立で、再びムーアと今回はさらにグローブと共同してインテル社を設立した。

　1980年インテル社で1kビットのDRAMを開発したが、新しい製品のため使う人がいない。そこで、その宣伝のために来日し、普及のための講演を行った。図1.6はその節、雑誌社が開いた宴会のスナップである。女性がお酌につく日本式でノイス博士らはさぞや戸惑ったことと思う。前列左から4人目がノイス社長で、女性を飛ばすと私がノイス氏の隣であり、西澤先生が後ろに立っておられる。恐れ多いことである。

　インテル社はノイス，ムーアの法則のムーア，半導体プロセスのエキスパートであるグローブの3人を中心に創業した。グローブの著書『半導体デバイスの基礎』は垂井

図1.6　ノイス氏歓迎会

らにより邦訳され，長く教科書として使われている。グローブとは学会講演でよく顔を合わせた。これらの英才をノイス氏が纏めていて当時のインテルは輝いていた。

　しかし，この3偉人を失ったインテルには往年の輝きはないが，米国政府や国民には期待があると見え，最近2024年でさえ，その復活のため1兆ドルの補助金の話などが報じられている。ノイス氏は1990年に心筋症で亡くなっているが，その時の仕事が日本に対抗するために創設されたSEMATECHであったという。全く残念と言うほかない。

(9)　ジョン L. モル教授

　今一人，世話になったアメリカ人を紹介させてほしい。それは，1962〜1963年にわたってスタンフォード大学に留学した際の担当であったモル（J. L. Moll）教授である。1962年に，百田部長から留学生試験を受けたらという話があり，それに従って科学技術庁の長期留学選考で1年間外国留学できる試験を受けたところ，4月の最終選考前に留学先のめどが必要ということになった。

　そこでエバース・モル式などで有名なスタンフォード大学のモル教授に手紙を書き，早速素晴らしい返事をいただいて感激した。その返事は図1.7に示した通りであるが，感激した第一の点はその速さである。4月20日の小生の手紙に対してモル先生がすぐに返事を出してくれたとしても，4月24日付けの返事は航空便として最短と思われる。第二は『スタンフォードが受け入れることに私は疑いを持たない』という，大学としての手続きなしにいえる最大限の表現の巧みさである。この手紙のおかげで科学技術庁の試験

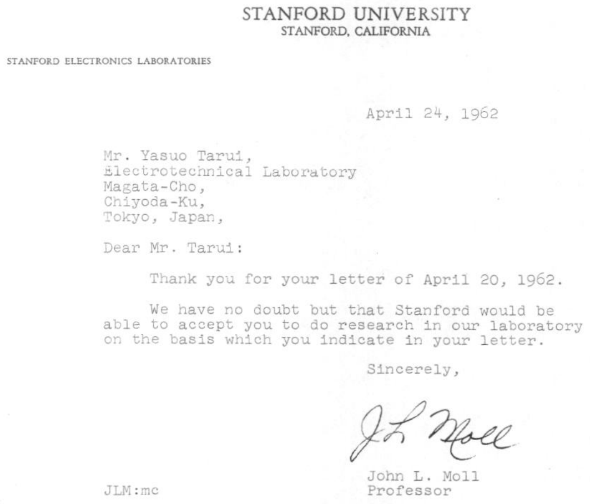

STANFORD UNIVERSITY
STANFORD, CALIFORNIA

STANFORD ELECTRONICS LABORATORIES

April 24, 1962

Mr. Yasuo Tarui,
Electrotechnical Laboratory
Magata-Cho,
Chiyoda-Ku,
Tokyo, Japan,

Dear Mr. Tarui:

　Thank you for your letter of April 20, 1962.

　We have no doubt but that Stanford would be able to accept you to do research in our laboratory on the basis which you indicate in your letter.

Sincerely,

John L. Moll
Professor

JLM:mc

図1.7　J. モル先生からの返信

に合格し，スタンフォード大学への留学が決まった。

筆者が1963年スタンフォード大学に留学して，世界初の強誘電体メモリを一緒に研究したモル先生が1997年C＆C賞を受賞された。その授賞式に際して，強誘電体メモリの研究について話し合った時の写真が口絵③である。

当時は1ドル360円の固定相場で，その頃外国出張が決まると他の仕事も付随することが多かった。案の定，国際標準IECの年次総会がこの年の9月末から10月にかけてコペンハーゲンで行われるので往路にこれに寄って，国内IECで作ったトランジスタの測定法を提案して欲しいということになり，これを終えてスタンフォード大学へ向かった。

(10) 強誘電体メモリ

これらの遅れがあり，結局1962年11月5日にモル先生の所に出向くことができた。最初の研究テーマは当時スタンフォード大学でのテーマだったアダプティブシステム（学習系）に対するアナログメモリの開発であった。強磁性体か強誘電体の助けを使うことにしたが，今までの経験から強誘電体と半導体の結合を使うこととし，強誘電体メモリの研究が始まった。

年が明けて1963年になると，この強誘電体メモリの試作は本格化した。慣れない強誘電体膜を作るより，半導体膜を作る方が慣れているので，図1.8に示すように基盤に単結晶強誘電体を用い，その上にカドミウム・サルファイドによるTFTを形成することにした。強誘電体にはヒステリシスループがきれいな角型のトリグリシンサルファイトを使うこととし，ベル研究所からモル先生を通じて提供していただいた。この結晶は無色透明でヒステリシスは疲労もなく四角できれいであるが，驚いたのは洗おうとして水に接触させたら溶けるのである。さらに高温にすると分解するのである。

不完全な熱処理にもかかわらず，他の条件を最適化することによって，4月になって確実な不揮発性メモリ作用を確認することが

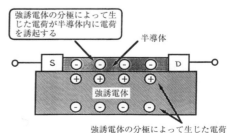

図1.8 強誘電体を用いた不揮発性メモリトランジスタの原理図

でき，6月にミシガン大学で開催される 1963 固体素子レサーチコンファレンス（SSDRC）で発表することになった．このコンファレンスはできるだけ少人数で新しいテーマを徹底して議論しようという特徴のある学会であった．6月 14 日に発表し，多くの質問と討論を受けた．アメリカの学会の特徴は興味あるテーマについては，その後自社に招いて徹底的に議論しようという風習があることである．

(11) IBM，ベル研を訪問

翌日はベル研究所を訪問，ジム・アリーと昼食を共にした．彼は自分一人でしゃべる人であったが，固体回路は浮遊容量が従来と比べて小さくならないので，ベルではトランジスタチップ方式が主力になったという．当時の固体回路に対する評価が分かって面白い．

私の発表した強誘電体メモリは図 1.8 に示すように強誘電体の分極が半導体に電荷を誘起して，その伝導度をあげるので，縦方向に電圧を加えて強誘電体の分極を変え，横方向の伝導の変化を利用するという分かりやすい原理で，今までなかっただけで，その後そのままの形の追試や材料を変えたものの追試など発表されている．事実この話題は米国の多くの研究機関を訪問をする時のパスポートのような役割をしてくれた（図 1.9，図 1.10）．

図 1.9　IBM の江崎玲於奈氏を訪問

図 1.10　アレンタウン，ベル研究所，福井初昭氏と筆者

20   1   超 LSI 共同研究所の設立前夜とその成果

1.2   超高性能電算機の研究―「超 LSI プロジェクト」前夜

　1976（昭和 51）年からの通産プロジェクト「超 LSI プロジェクト」はよく知られているが，その 10 年前にそのさきがけとなるプロジェクトが存在したことはあまり知られていない。それは 1966（昭和 41）年から始まった通産省工業技術院の最初の大型プロジェクトの一つである「超高性能電算機の研究」（昭和 41〜44 年）である。

　このプロジェクトにおいて超 LSI プロジェクトの成功を可能にしいくつかの準備がなされていたと私は感じている。

1.2.1   電子ビーム描画装置の開発開始

　このプロジェクトで，私は LSI 開発の部分を担当した。当面の仕事としては，このプロジェクトで作る超高性能電算機に使うデバイス，すなわち LSI の仕様を決め，発注，検査することであった。

　さらには今後の超高性能電算機に使われる LSI の製造装置には何が基礎的・共通的に必要になるか？である。プロジェクトの始まりにあたって，この装置開発のテーマを傅田精一さんと何日も掛けて議論を重ねた。超高性能電算機は超高速を目指すのだから，超高速トランジスタを作る技術が必要であろう。そのためには光リソグラフィを超えて微細に作る方法が必要である。

　その進歩を可能にするのは画期的な電子ビームでの露光であろうということで，ちょうどこの年に入所して研究室へ配属された馬場玄式氏（その後，特許の重要性に魅せられたか，特許庁に移動）を加えて電子ビーム描画装置を計画した。すなわち，今でいうベクタースキャン方式をはじめ，パターン重ね合わせ方式なども考案して特許化し，当時 SEM を完成していた日本電子へ 1966（昭和 41）年に発注した。

1.2.2   電子ビーム描画装置での描画開始

　1967（昭和 42）年には前年度の超高性能電算機プロジェクトのスタートと同時に発注した電子ビーム描画装置（図 1.11）が一応完成し納入されたので，

さっそく実験を行い，昭和42年に電気4学会で報告した。

電子ビーム描画の問題点は，その描画速度である。われわれはこの高速化の最初のステップとして，露光する部分のみを走査して，終わると次の露光部へ飛ぶという方法を考えた。この方法は現在ではベクタースキャンと呼ばれている。この方法をとることによって，図形の記憶は一つの矩形ごとにXYの座標とXY方向の長さの4つの数字で行うことができるから，それまでよりもずっと少ない記憶容量ですむことになった[4]。

図1.11 昭和42年に電気試験所で完成した世界初のコンピュータ制御ベクタースキャン電子ビーム描画装置（操作しているのは馬場玄式氏）

さらに特に有効だったのは，位置合わせの特許である。すなわち，光リソグラフィでは，次のマスクのパターンをウェーハ上のパターンと顕微鏡下で重ねることによって位置合わせを行うが，電子ビームでは同じことはできない。そこでウェーハ上に電子ビームで読み取るマークをつけて，これを電子ビームで走査して出力を読み取って位置決めを行った。この目的のマークはどのような材料でどのような形状が良いかも検討して特許化したが，さらに波及効果が大きかったのは，装置設計時には考えもしなかった次項で述べる技術から生まれた。

1.2.3　電子ビームにおけるステップ・アンド・リピート

電子ビームで描画する面積は，偏向ひずみを抑えるために小さい面積に制限する。この装置では2ミリ角にした。そこで2ミリ角を描画してから，ウェーハをステップモータで移動して，電子ビームで30ミクロン角を走査してマークを探し，位置を決めるようになっていた。この実験は主として傅田氏と馬場氏が担当していたが，ウェーハを2ミリ移動すると30ミクロン以上の誤差が生じて，マークを検出できなくなることがしばしば起こってしまった。そこで

ウェーハを保持するウェーハステージを別の方法で測定して制御する必要があるということになり，図1.12に示すようにレーザでステージを測定しようという発想が生まれ，実用新案として権利化された。

数年後以降に生産された電子ビーム装置はほとんどこの方式が使われ，マークによる位置合わせなども含めて特許料が国庫に納入された。動かした実際のステージは，所望の位置より機械的精度の問題もあって二次元（X，Y）的に誤差が出る。この機械的誤差（ΔX，ΔY）をレーザで測定して，電子ビームの偏向に付加（フィードバック）することによって，機械的誤差を解消することができ

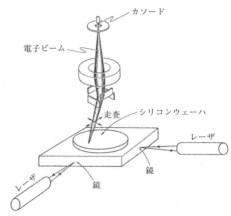

図1.12 電気試験所で考案されたレーザ位置合わせによるステップ・アンド・リピート機能を持つ電子ビーム描画装置の原理図

る。このレーザ測長を用いた位置決めへの改造は日本光学に発注された。

1992（平成4）年の工業技術院の調べによると，工業技術院内でそれまでのすべての特許の実施料累計の中で，この電子ビーム露光に関する特許・実用新案によるものは第6位であった。この栄えある実用新案の番号，考案者は以下のようなものである。実用新案公告，昭47-34960，電子ビーム露光装置，実願43-31844，出願　昭43年4月20日，考案者　馬場玄式，傳田精一

1.2.4　光学ステッパー開発の萌芽

さて，この電子ビーム描画後，レーザで測定しながらウェーハを移動して描画することを繰り返す。このステップ・アンド・リピート機構を実現するための装置を日本光学に発注した。この時，打ち合せのため電気試験所に来て下さったのが吉田庄一郎課長（その後ニコン社長）であった。しかし，現在ではどこにもあるようなステップ・アンド・リピート装置も，最初は作るのに大変であったようである。

ところで，この装置はさらに意外な方向へ発展を始める。これは現在の光学ステッパーへの発展である。現在のいわゆるステッパーは，図1.12に示した電子ビームの走査部分を光学部分に置き換えるという日本光学での構想から生まれた。吉田庄一郎氏によると，このステッパーの構想は昭和45～46年頃にGCAの方々の前でプレゼンテーションしたものであるという。その時，デビットマン社社長のウィラー氏に「そんな一回一回アラインメントしてやるのでは，スループットが得られなくてだめだ」と断られたということである。ところがその後，GCAが売り出したのである。

そのようなことで，光学ステッパーは最初にGCAが開発して，超LSI共同研がこれをフォローしたと思っている人がいるかもしれないが，そうではなくて電子ビーム装置で遭遇した意外な問題点に対する適切な対処からステッパーへの道が拓けたのである。このことは，思わぬ問題が出てきたときもそれをチャンスと思って対処した方がよいということを教えていると思われる。

この電気試験所における電子ビーム描画装置およびステッパーの考え方，技術，特許は10年後の超LSIプロジェクトで大幅に取り上げられ，発展することとなる。

1.3 超LSI技術研究組合共同研究所の活動とその影響

超LSI共同研究所の成果などについては，この40年近い間にその多くが出版されている。ここではまとまったものとして，私の編著で恐縮だが本章最後に文献1)～3) として紹介させていただく。

1.3.1 超LSI技術研究組合

超エル・エス・アイ技術研究組合は，当時日本のコンピュータメーカー，富士通㈱，㈱日立製作所，三菱電機㈱，日本電気㈱，東京芝浦電気㈱の5社が，将来のコンピューターシステム開発の要となる超LSI技術を開発する目的で1976（昭和51）年3月に設立された。工業技術院電子技術総合研究所と日本電信電話公社の協力を得て，ナショナルプロジェクト体制を取り4年計画で進

められた。

なお，超エル・エス・アイと片仮名で書くのは登記上英語は使えないので，正式名は片仮名で表記するが，それ以外は LSI と英字を使っている。

(1) 研究組合と共同研究所のテーマの決定

私が共同研に加わったのは，1975（昭和 50）年 10 月に始まった 5 社と 2 つのグループ，共同研の研究テーマの計画，さらにそれらの相互関係を決める通産省の小委員会の委員長を命じられたときからである。

あらかじめ日本電子工業振興協会に研究者が集まって作った案もあったが，これは主として研究者が集まって作ったものなので，実働部隊の部長を集めると意見はなかなかまとまらない。そこで，私は以前から別のことで考えていた「基礎的・共通的」という言葉を使うことにした。すなわち，将来の超 LSI の発展の根源となるように基礎的で，しかも各社に共通して役立つものを選ぼうというのである。

図 1.13　共同研入口で筆者

基礎的であるから，それまでのノウハウを持ち込まねばならない必要が少なくなる。また共通的であることから，各社に関心をもって期待してもらえるのである。この提案によって関係者の納得と協力が得られた。

この言葉が 4 年間を通しての標語となった。その結果決まった研究組合全体のテーマと共同研究所の担当分野を表 1.1 に示す。

白色部分が共同研の担当である。微細加工と結晶の全部，そしてこの 2 つのテーマを進めるための最小限必要なプロセス・試験，デバイス技術を担当した。プロセス，試験，デバイスの 3 つのテーマについても，

表 1.1　研究テーマの担当

	微細加工技術
	結晶技術
	設計技術
	プロセス技術
	試験評価技術
	デバイス技術

*白色部分が超 LSI 共同研の担当

超 LSI に必要な装置の開発は行った。設計技術は最も製品に近い分野であるので共同研ではやらないことにした。これについては後でメーカーの方から「ありがとうございました」と言われた。

口絵④の写真の場所は共同研の入口である。NEC 中研の南西の位置にあるビルの 3 階を借用した。写真に見えるように階段がついていて，この階段が 3 階への専用入口として使われた。

(2) 人材の確保と配置

いかなる組織も，そこに集まる人によって成功・失敗が決まるから，各社に色々とお願いした。派遣する人について早くから検討して，一番地位の高い人を派遣して下さったのは東芝であった。当時，総合研究所半導体集積回路研究所長であっ武石喜幸氏の出向を決めて下さったのである。その他の会社からの室長についても，あらかじめお目にかかる機会を作った。室長以下の人選は，各社からの室長が自分の会社から良い人を連れてきてくれるように努力してくれた。

問題は，各社からの出向者をどのテーマに付けるかである。「超 LSI は微細加工が重要」であるとして，各社これを希望した。しかし，それでは研究所が構成できないので，各社の電子ビーム装置についての実績から判断させていただき，微細加工の 3 つの研究室の室長を図 1.14 のように決めた。

次は研究室内の配置である。結晶技術は学問的な面が多いので，各社からそのような専門の方を派遣していただいていたので，それらの方々を集め，室長は電総研からとし，図 1.15（b）のようにアトランダムな構成となった。

一方，微細加工の研究室については大きい装置，例えば電子ビーム描画装置などを出向元の親会社で行う場合，親会社の技術を十分に利用するため，図 1.15（a）のように当該会社からの出向者の数を多くして，微細加工研究室の室長を得られなかった会社の出向者を 2 人ずつ入れて，3 つの微細加工研究室の情報がすべて入るようにした。

結晶研究室は各社からの専門家を集め，図 1.15（b）のようになった。

1　超LSI共同研究所の設立前夜とその成果

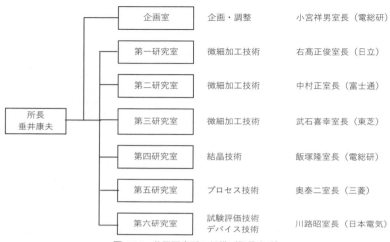

図 1.14　共同研究所の組織（発足当時）

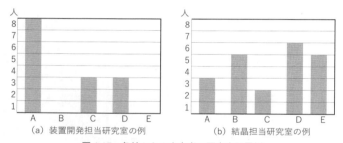

図 1.15　各社からの出向者の研究室配置例

思い出 1　いろいろな出来事

〈紀尾井町福田屋〉

　1976（昭和 51）年に超 LSI 技術研究組合が設立され，共同研究所もスタートして暫くたってから，研究組合を構成するコンピューターメーカー 5 社（富士通㈱，㈱日立製作所，三菱電機㈱，日本電気㈱，東京芝浦電気㈱）と，これをグループ化した 2 社（㈱コンピューター総合研究所，日電東芝情報システム㈱）の各社長と研究組合の根橋専務理事，垂井共同研究所長，あと何人かによる顔合わ

せ的な会合が行われた。

　会場は紀尾井町の福田屋でした。政財界に多く使われるという料亭のたたずまいに，小生，恐る恐る入っていきました。ところが宴会が始まると，根橋専務が私に「社長さん方にお酒をお酌して回りなさい」と指示されたのです。私としては国立研究所育ちでそんな経験もないし，私の好みにも合わないし，さらに決定的なことは，私が30歳の頃スクーターで砂利道を走っていて転倒して大腿骨を骨折し膝関節も痛めていたので，膝をついてお酒をついで回ることはできなかったのです。

　すると，帰りの専務理事付きのハイヤーの中で根橋専務から厳しく叱責されました。「なぜ言った通りにしなかったのか」というのです。その時，私はその激しい叱責に対して，その激しさに押されて自分の身体上の欠陥をあげて弁解するのにすごくためらいを感じて何も言えずに終わってしまいました。

　後から考えて，あれは根橋さんの私が社長さん方に可愛がってもらえるようにという親心だったと思いました。したがって，私は膝の欠陥をお話しして，了解を取るべきだったと反省していますが，その時までに私と根橋さんの間に，それが言えるような親しさができていなかったのが残念だったと思っています。

　ただ，社長さん方とは，私なりにも良好な関係を続けられて，私の4年間の共同研における貢献が認められていることは，その後の接触や後で述べるC＆C賞の受賞や寄付講座の開設などの機会に認めていただいていたと今も感じています。

〈ある委員の訪問〉

　研究組合には，運営委員会，技術委員会などが設置されていました。私はどちらにも入っていないため，委員会の情報の中に私の意見などは全く入りませんでした。

　共同研が始まって数日後，技術委員会の一人の委員で，7社の内の1社，日電東芝システム（株）の常務取締役が私の所を訪れました。彼が開口一番いうには『垂井さんは今までお役人だったから，そのように付き合って来たが，これからは違いますから宜しく…』というようなことを言って，他の話はほとんどなく帰られました。それまで会ったことがない，少なくとも話ししたことのない方でした。しかもプロジェクトによって取締役になった方と思います。

事実，私は電子技術総合研究所からの休職出向で，給与の額は公務員給与に従って支給されていましたが，そのお金は7社の資金から出ていました。すなわち，この訪問は私に給与の出所の違いをはっきりと認識させるものでした。さらに，この委員の意見は，すぐに次項で述べる研究発表・見学に影響を与え，厳しい立場に立たされることとなるのです。

この委員の方は，その神経質な性格のためか，プロジェクトが終わって数年後に亡くなったと伺いました。他の委員の方々，特に技術委員会の多くの方とは，それまでも付き合いが多かったし，それ以後も変わらぬお付き合いで，現在でも年賀状のやり取りをしています。

1.3.2　研究発表・見学

研究発表・見学は，毎月1回開かれる技術委員会で検討，承認することになっていた。見学も行政関連，国会議員などは最優先である。

口絵⑤はその例である，しかし，学会への発表は国費の入ったプロジェクトとしては，ある程度社会的な義務のようなものであるし，見学も研究員が外国に行った時に見学させてもらうこともあるから，あまり閉ざすことは国際問題にもなりかねず，必要で適切な見学と学会での成果の発表は可能なかぎり行うようしばしばお願いした。その結果，学術的成果については学会で発表してもよいという許可を得たが，見学については最後の共同研の解散の時まで許されなかった。

この点もその後の日米半導体摩擦に影響したと危惧している。例えば後で述べる第二研究室の新聞発表の後，外国の然るべき人に第二研究室の装置を見せ，廊下を一周させれば，その狭さに安心感を覚えたに違いない。

研究組合ができてから，米国では何か日本では国のプロジェクトで超LSIを始めたらしいということで，何をやっているのかという疑問が出始めていた。それが大きく膨らんで問題となってきたのは，1977（昭和52）年5月29日に行われた共同研第二研究室の成果，可変寸法矩形ビーム描画の新聞発表の後からである。これは学会発表ではなく国内新聞発表であったので，外国メディアにとっては不便であり正確な伝達は期待できない。そのせいか，よりセンセー

ショナルに受け取られた面があると思われる。これが学会発表であれば，公開の場であるからその場で質問をして，納得して，それが伝わっていくと思われるが，それがないので余計に何を目指しているのか米国内で疑問と反発の渦が大きく巻き始めた。

なぜ研究組合は学会発表よりも国内の新聞発表を重視したのか？　それは恐らく，国際摩擦よりも補助金に対する成果発表ということで，国内が対象だったからだと思われる。その思いは，次の米国講演の一件でより強くなる。

1.3.3　IEEE IEDM 招待講演

米国における「日本の超 LSI プロジェクトは何をやっているのか？」という世論の渦が私に向かってきた。1977 年 12 月にワシントンで行われる，IEEE の IEDM（国際電子デバイス学会）の最初に行うゼネラルセッション（全体会議）で超 LSI 共同研究所の話をして欲しいというのである。

IEEE は米国の電気・電子の両学会が合同したもので，そのホームページによると「The world's largest technical professional organization」と述べられており，米国内外でこの分野は元より，全般的にも世論に大きな影響力を持つ組織である。その内の IEDM は電子デバイス分野で最高の権威をもつ学会の一つである。

私は 1962～1963 年にスタンフォード大学の J. L. モル教授のところに国費留学をし，その時に開発した新しいデバイスの成果を持って米国内の研究機関を歴訪した。その後も何度か訪米して知人も多かったので，あの Y. Tarui が共同研所長になったのだから，きっと全貌が分かると思ったに違いない。

したがって，ここで差し支えない範囲で共同研の話をすれば米国の疑問と反発をある程度収められると思い研究組合内でお願いした。「研究組合概要にもあるように，5 つの研究項目のすべて共同研が基礎を担当して，グループ研の実用化研究が外に漏れないような盾の役目を持っており，共同研の差し支えのない部分を話しても，超 LSI 製作のノウハウが漏れる訳ではない。さらに共同研の予算は組合全体の一割強であるから，その点からも限定的である。」などと述べて，上記の米国での疑念を晴らす絶好の機会になると根橋専務理事に

切々とお願いした。

　しかしながら，研究組合で相談した結果として共同研の話は許されなかった。
それが7社の意向で，根橋専務が7社寄りなのか，あるいは根橋さん自身が攘
夷派だったのかは分からない。攘夷派だったような節もある。昔，攘夷派は国
内では格好よかったが，艦砲射撃を受けたのである。

　結局，私は孤立無援となり，論文題名も「日本におけるLSI及びVLSI研究」
という形で日本における既発表の学術発表論文を編集した迫力のないものと
なった。既発表を集めるのは誰でも出来ることで，知りたいのは共同研がどん
な方針でやっていくかだと思われる。全然重さが違う話である。一方，米国側
の受け入れはというと，今回の私の米国内の全行程はCIAの尾行付きであった。
これは後で確認された。何か私の弱みを見つけようとしていたみたいである。
米国政府も待っていたのである。

　IEDMでの講演は1977年12月5日，口絵⑥にあるようにワシントンのシェ
ラトンホテルで行われた。講演は学会の最初の部分のゼネラルセッションで
あったが，私の講演の直前に続々と人が集まり，廊下にも入り切れない人が随
分見えた。600人くらい集まったのではないかといわれた。私は日本での最近
の既発表を紹介した後，技術委員会で決めた「超LSI共同研究所も学術的成果
は発表する。一緒にマイクロエレクトロニクスの未来を探求しよう。」と結ん
だ。しかし，気持ちは「超LSI共同研究所は超LSIの基礎的・共通的分野，特
に微細加工装置とシリコン結晶を研究しており，いずれも将来商品化されたら
皆さまに供給可能となります。」くらいは言いたいと思っていた。

　超LSIへの米国の対応も，学会では良識派の意見が通り，私を呼んだのも共
同研の実態を聞いて判断しようと思ってくれたのだが，それは超LSI技術研究
組合が許可しないので国内既発表論文のまとめという，全くすれ違いの発表で
がっかりしたと思う。これで良識派は何をしてよいのか分からなくなり，我々
にも国費をと叫ぶ補助要望派の声が高くなっていくのである。結局，私は私自
身の厳しい立場を踏まえ命令に従って講演をこなしたのであるが，それが私の
ストレス程度で終わっていれば，それでよい。しかし，それが日米半導体摩擦，
それに続くDRAM全滅など，日本半導体デバイス産業の衰退を導いた一因に

なっていると考えると残念でたまらない。

1.3.4　その後の動き

その後も国内新聞発表は続き，1980年3月の共同研解散に近づくとより頻度を増し，合計16件に達した。これに対応するかのように，米国内で日本の超LSI国家プロジェクトに対抗しなければならないという世論が高まってきた。せめて，共同研は100名の研究者が数千 m² 程度の研究室で研究をしているくらいのことは知らせておかないと，米側は国の安全を心配するようになるのである。

米国では国防が優先するようで，国防と言えば誰も文句を言えないらしい。そこで，まずはこれが動いた。共同研究所が解散した1980年に米国国防総省がVHSIC（Very High Speed Integrated Circuit）なるプログラムを立ち上げた。テーマとしてはIC材料，リソグラフィー，パッケージ，テストなど超LSIプロジェクトに対応するもので，1億ドルが投じられた。話は戻るが，IEDMでの講演後，ベル研からフェアチャイルドに移ったアーリー効果で有名なジム・アーリー博士が『日本は政府と企業がうまくやっているが，米国では法律上それができない。米国は政府と企業が争うことによって成長する社会である。米国では弁護士の数が日本の25倍で，争うことによって社会が動いている。』と言っていた。

ところが，この大変よい米国の慣習を変えるほど日本の超LSIプロジェクトのショックは大きかったようである。米国内で争っていたのが日本に向かってきた。アンチトラスト法（米国における独占禁止法）の元でも政府の補助が民間にもできるように変えて，1987年にセマテックSEMATECH（SEmiconductor MAnufactureing TECHnorology）が企業と国防総省が各々1億ドルを投じてスタートした[2]。

図 1.16　共同研内部では毎週所長室に室長が集まり，室長会議を行って連絡を密にした。写真は共同研終了間近の頃のスナップである。

1.3.5 共同研方式の世界への波及

　超 LSI 共同研究所の成功を見て，共同研究が有効だということで世界的にその気運が高まり，進められた。口絵⑦はその様子を世界的にまとめたものである。表の上段は日本について，下段は米国についてである。

　上段の日本については，超 LSI 以降 16 年を経て再開された。中でも，特に残念なのは EUV プロジェクトである。これがありながら，EUV 露光装置は日本製が残らなかった点である。このプロジェクトの予算はニコン，キヤノンに余り渡っていないようである。ここでニコンに集中投資していれば様子は変わったかも知れない。

　下段の欧米について述べる。VHSI は前項で述べたように国防総省を中心に超 LSI に対抗してほぼ同様の項目を辿ったものである。本格的に民間と政府が出し合って始まったのは 1986 年 5 月である。米国半導体産業が共同体計画を策定する委員会を設定し，セマテック（SEMATEC）が結成された。時はレーガン大統領の時代で，全米から 1 億ドル，国防総省から 1 億ドルでスタートした。

　一方，オルバニーナノテック（Albany Nano Tech）は 2001 年に設立された。これはニューヨーク州のパタキ知事が 1995 年に就任後，ナノテクノロジーに着目し 12 年の任期の間，ニューヨーク州をカリフォルニア州やテキサス州に負けない州にしようと努力を重ねてきた結果である。その中には IBM や東京エレクトロンなどの拠金もあり，過日，IBM とラピダスの技術移転の一部がこの地で行われたという報道もあった。

　一方，IMEC（Interuniversity Microelectronics Centre）はベルギーのルーベンにある。IMEC は，1984 年に産業界とフランダース地方の大学と地方政府の代表からなる理事会の下に非営利団体として発足した。初代社長にはカソリック・ルーベン大学のフォン・オペル・シュトラーテン教授が就任した。教授は 1969 年頃から同大にクリーンルームを持つ研究室をスタートさせている。その後 ASML との戦略的パートナーシップなどにより段々と地歩を固めている。

思い出 2　根橋専務理事

　根橋専務理事の愛称はネバチャンである。すばらしく人懐っこい名前である。通産省で根橋さんは"人事の根橋"と呼ばれていたという噂を聞いたことがある。共同研究所の人事管理も大変見事であった。最初，私は「研究は任せる。」と言い渡された。その後，ほとんどその通りにしていただいた。

　私の所属した電子技術総合研究所は通産省傘下であり，私が超高性能電算機の研究で研究管理能力があると判断して，私の共同研究所所長への就任を要望した通産省内の相談には"人事の根橋"が入っていないはずはない。だから，私に研究を任せたら，後は根橋さんに研究管理の必要性はないのである。そこで，根橋さんにとって研究所員は孫のようなもので，いくらでも可愛がれるのである。その一つとしてしばしば専務室で懇親会が開かれ，所員たちがご馳走になっていた。私はお酒も飲めないので参加しなかったがストレスにはなった。管理職の経験のある方なら分かると思うが，自分の直属部下が自分の上司としばしば懇親会を開いていたらストレスを感じると思う。感じない人がいたらお目にかかりたいと思う。私はその間，専務の「研究は任せる。」の一言を頼りに 4 年間を過ごした。

　私は根橋専務に「人生を見通したような言葉が多数あるから，根橋語録を作りたい」といったら，真顔で「やめてくれ」と言われたので，正直に言われた通りメモを取らなかったのでほとんど忘れてしまったが，人事の根橋の面目躍如の次の二つの言葉は忘れない。

　根橋さんは超 LSI に来るために通産省を退任したはずであるが，『通産の××課長席は，これから三代にわたって俺が決める』とおっしゃったのである。この結果は調べようがないが，そうだろうと思える迫力があった。今一つ『人事は甘い蜜だ』というのもあった。人事がもつ一つの断面を鮮やかに描き出した言葉だと思う。

　この機会に，私の思い出の重たい部分，日米関係について若干つけ加えさせていただきます。

　根橋専務は研究組合の中心で，武者ぞろいの 7 社をうまく纏めて通産省に橋渡しされました。共同研についても，私に研究管理能力があることは，10 年前の超高性能電算機プロジェクト以来よくご存知で，私さえ管理しておけば共同研の

研究は大丈夫と考え，あとは5社からの研究員の融和を図ればよいと懇親をはかり，私にはストレスもありましたが，結果，共同研の成功に導かれました。

唯一，根橋さんが見落としていたのは，アメリカの怖さではないでしょうか。米国では国も民間も勝手に動くのを規制するようになっています。米国では世論が重要なのです。有名な'真珠湾を忘れるな'で日本をターゲットにして世論をまとめ，ものすごい工業力と勇敢な兵士を生み出したのです。

超LSIに対しては，米国には最初2つのグループがあったと思います。一つは良識派ともいえるグループで事態を冷静に分析して，できるだけ現在の法律の範囲内で対応していこうという穏健派です。いま一つの派は，自分たちにも政府の資金が欲しいという強硬派です。私の共同研究所についての招待講演を申し込んで来たIEEEのIEDMはまさしく上の良識派で，日本の状態，意見を聞いて判断しようというものでした。

それを研究組合の国際問題をあまり知らない技術委員会によって否決され，根橋専務からそれを伝えられて，そのように処理しました。それによって良識派も諦め，強硬派の天下となり，アメリカの安全保障という旗頭の下で世論を掻き立て，共同研が終わった1980年に国防総省が超LSI共同研究所をフォローしたVHSIプロジェクトを立ち上げ，法律を整備するなど万全の体制を整えて，1987年にアメリカではこれまであり得なかったアメリカ政府と米国に本社を置く半導体メーカーによるSEMATECHが誕生します。

その後，SEMATECHは国防総省のみでなく，商務省，エネルギー省，環境省，NSFなどの政府機関のほか，産業界，大学，国公立研究所と連携をとって現在まで続いています。超LSI共同研究所の方はその気はなかったのですが，この米国の対応を見ると超LSIプロジェクトは米国の寝ていた能力を目覚めさせてしまったのです。最近はTSMCなど外国企業にも高額な補助をしています。

ですから，IEEEから私に共同研の話をして欲しいという招待講演の時，根橋専務に技術委員会を説得して許可を得て欲しかったのです。米国から話してくれというのは絶好のチャンスで，こんな機会はその後ありませんでした。私以外にもありませんでした。共同研の細かい技術ではなく，全体像を示せば，少し安心して世論が変わった可能性があったと思います。全体像を見せずに時々凄い新聞発表を行うので，不安感を煽ったきらいがあります。見学もそうです。どれかの新聞発表の機会に米国の新聞記者に見学させて，共同研の廊下を一回りさせれば，

その狭さに安心してレポートを送ったに違いありません。

上に述べたような米国の反応に伴って，有形無形の圧力あるいは忖度が通産省にはあったのだと思います。その内容は知りませんが，結果として共同研の後の半導体デバイスプロジェクトが16年間できなかったという冷厳な事実がそれを証明していると思います。通商産業省が経済産業省と変わったのも，このような理由かと思われるほどです。

1990年の超LSI共同研10周年の同窓会で根橋専務が超LSI技術研究組合の成功宣言をされました。『今まで組合が失敗だったという話はどこからも聞いたことがない。だから，超LSIプロジェクトは成功だったと思ってよいのではないか。』というようなお話しでした。この持って回った言い回しは上記のような通産省の雰囲気に対する根橋さんの反発だったような気がします。

根橋さんは超LSIプロジェクトの後，なんと日本IBMの重役になられた。元々，超LSIプロジェクトは「対IBM」としてスタートした訳だったから皆が驚いた。その後，根橋さんから電話で「共同研をテーマに講演に来て欲しい」と言ってきた。根橋さんの頼みでは仕方ないと講演に行った。その頃，他でも講演していたのと同じ講演だったが，帰ってからいただいた講演料を見たら，他の場合の3倍くらいあったのである。これに驚いていたら，早速，根橋さんから電話があって，「講演料が多かったろう。おごれ！」というのである。そこで，ご指定の高級お座敷天ぷらの予約を取り，超LSI共同研の事務局全員をご招待した。

その後の根橋さんの所属についてはあまり詳しくないが，恐らく日本IBMは1期でやめられて，その後通産省に関係あるニューメディア協会理事長などの要職につかれて，一生を通産関係で幸せに過ごされたと思う。

思い出3 **小林宏治会長の二つの言葉**

超LSI共同研がスタートした時の日本電気の小林宏治社長には，川崎市の宮崎台に新築した中央研究所の一郭を貸していただいたのをはじめ，その他全般に渡ってプロジェクトを推進していただいたが，直接声をかけていただいた内で二つの言葉が非常に印象深く，今でもよく覚えている。

まず，その背景から述べる。私が共同研の計画に加わったのは1.3.1項（1）で

述べたように 1975（昭和 50）年 10 月に始まった 5 社と 2 つのグループと，共同
研の研究テーマとの相互関係を決める通産省の小委員会の委員長を命じられた時
からである。翌年 1976 年，順調に超 LSI プロジェクトがスタートして間もない
5 月 12 日にホテルオークラで官界および各社首脳を集めて創立記念パーティー
が行われた。この時，日本電気の小林会長が私に対してとても意外なことを言わ
れた。その言葉は「ノウハウは開放します。」とおっしゃったのである。私がノ
ウハウで苦労しているのを聞かれていて，このように言って下さったことに大変
感謝している。しかし，部長の方々を集めると，そう簡単ではなかった。そこで
私が社長の言葉を言ってしまうと部長たちは当惑し，社長も迷惑すると思って，
その後 10 年間，誰にも言わなかった。しかし，首脳陣のこのような決意は段々
と下に伝わって共同研の構成と運営に大きな力となった。

　二つ目の言葉は 1991 年，口絵⑧の写真で示したように小林宏治名誉会長が理
事長をされていた C & C 財団から C & C 賞をいただいた時である。その時の表
題は「日本の超 LSI 開発の草創期における技術開発および産業育成に対する指導
的貢献」というもので，当時電電公社プロジェクトのリーダーであった豊田博夫
氏と 2 人でいただいた。

　この時の祝賀会で小林理事長は私に一言「お礼の気持ちです」とおっしゃって
下さったのである。私としては大先輩だし，社会的地位も違う小林さんに 11 年
もの間，覚えていていただいて，さらにこんなお言葉をいただいて本当に嬉しい
気持ちとなった。小林さんは人の心を掴むことができる人だと思った次第である。

　さらに 1.4.2 項で述べる早稲田大学への寄付講座による客員教授のお話が，共
同研解散後 12 年後まで私への評価を覚えていて下さったということで有難いこ
とである。

1.4　超 LSI 共同研以降の私の研究活動

1.4.1　東京農工大学へ出向

　私の当時の東久留米の自宅から南へ約 3km の所に共同研にいく前に通勤し
ていた電子技術総合研究所（略称：電総研）田無分室があった。さらに南に
2km いくと東京農工大学工学部がある。ここの電子工学科に電総研の先輩が

いたので，お聞きしたら教授ポストが一つ空いているということなので，お願いした。教室会議で多少揉めていたようであったが無事OKが出て，1981年10月から農工大へ移ることになった。

　まず，研究テーマであるが，大学の実験室の広さ，予算などを考えて，新しい技術でプロセスの低温化にも向いていると思われた光CVDを取り上げることとした。光CVDでは光の波長によって与える反応のエネルギーが選べるという反応のメカニズムの解明にも学問的な深みもあると考えた。

　大学では最初は学生もいない。そこで，この研究を立ち上げるために，電総研でやっていたように企業からの研究生を集めることにした。まず，電総研で研究生を延べ10人くらいをお預かりした所沢のシチズン時計研究所の中井哲所長を訪問することにした。すると，ありがたいことに，その話を聞いて山崎六哉社長がわざわざ本社から見えており，一緒に私の話を聞いて下さり，協力を約束して下さった。その方針に従って，私が大学に移るとほぼ同時に，研究生第一号として反町和昭氏を派遣していただけた。

　当時，光CVDの報告は極めて少なかった。シリコンの原料としてはSiCl$_4$の方が多いが，キレイそうで反応も分かりやすそうなのでモノシランSiH$_4$を使った。モノシランは濃度が濃いと自然発火するといわれており，実際にも経験したが，それ程の緊迫感はなかった。後にこの原料を使ったCVD実験中に方々で火災事故や爆発事故が起きてからは，管理が厳重になった。我々は注意深かったので，安全無事故であった。とにかく，このような実験を反町氏と2人で，私もボンベを運んだり配管をしたりして，無事研究室の立ち上げに成功した。その後も順調に進み，毎年6〜7社からの研究生，卒研生，マスター，その内からドクターに進学する人も現れて30人くらいの研究室が始まった。研究の詳細とその効果については文献3）を参照いただきたい。

　話を戻して，人事などの面に移ろう。農工大に移って驚いたのは，電子工学科には東大電気工学科出身の教授が3人いた。それは構わないのだが，その3人が2対1で張り合っており，しかも電総研の先輩は後の一人の方であったのである。人事の根橋さんに鍛えられているから，多少事ではへこたれない。まず，先輩の先生にはお礼をしなければいけない。いろいろとやった。例えば電

総研時代から知っている財団の役員にお願いして，彼が定年の最終講義にはカシオの立派な電子楽器を持ち込んで，ご本人に演奏をしていただくという晴れの場を作った。

争っていた他のお二人とそれ以外の先生にも辞を低く，なるべく争いを和らげるようにし，できるだけお役に立てるようにした。ある時，工学部長に時計台が欲しいといわれた。そこで，電総研に研究生として来ていたシチズン時計の前川祐三氏が部長になっていたので頼んだら，彼自身が工学部の敷地を調べて，最適な場所と時計塔を考え，会社と相談して寄付してくれた。それは今でも工学部の一番の広場にあり，多くの職員，学生が朝夕眺めて大変良いシンボルとなっている。口絵⑨がシチズン寄贈の東京農工大工学部の時計台である。

色々と苦労の甲斐があったのか，農工大に移って6年目の1987年に教授会で評議員選挙があり，私が選ばれて10月に就任した。評議員会は当時大学の最終的な意思決定機関であった。この選挙で，私は全然運動はしなかったが，電子工学科の先生方が他の各科に働きかけて下さったことで選ばれた。ありがたいことであった。

その4年後の1991年には図書館長の選挙があった。またまた教室の皆様が全学に運動して下さったお陰で，全学で選ばれて同年8月1日から図書館長を命じられた。東京農工大学は明治7年に東京帝国大学農学部から分かれて設立された東京高等農林と，同じく明治7年にその前身が発足した東京高等蚕糸の2つの名門専門学校が昭和22年の学制改革で一つになった大学で，歴史的に貴重な資料，図書が多かった。

1993年3月に私は農工大の定年63歳となり退官した。在籍期間は12年と短かったが，色々と務めたので名誉教授にしていただいた。公務員歴42年ということで，9月には農工大，電総研の両方の方々が集まって盛大な退官記念パーティーを開催していただいた。

1.4.2　早稲田大学客員教授

私は1951年早稲田大学の電気工学科の卒業であるが，就職した電気試験所で半導体の研究をやることになったので，早大通信学科の伊藤糾次先生とは

色々と連絡を取っていた。共同研が終わる時も教授席のお話しがあった。その後も連絡を絶やさなかったところ，「共同研解散 11 年経った今でも 5 社の有力者の内には，垂井さんの共同研での努力と貢献を忘れない方がおられるから，寄付講座を開けそうだ。」というお話しがあったので是非にとお願いした。

　寄付講座というのは，教員の給与，研究費，大学の諸経費を寄付いただけるもので，大変なことであるが，1993 年 4 月に日本電気，三菱電機のご協力を得て，「三菱電機・日本電気寄付講座」による大学院の客員教授として早稲田大学に迎えられた。共同研解散後，12 年から 18 年，ほとんどふた昔まで私の努力と貢献を覚えていてくれて，大学に多額の寄付をしていただいたことは，私が共同研でやったことは良かったのだと自信を与えて下さいました。寄付を決断して下さった方々に深く感謝している。

　講義では「超集積デバイス」を担当し，研究テーマは 1963 年にスタンフォード大学留学中に世界で初めて実証した強誘電体メモリーを選んだ。スタンフォード大学の頃は強誘電体薄膜製作技術が未発達であったので，ベル研からいただいた単結晶強誘電体の上に半導体薄膜を形成して動作を確認し成功した。

　しかし，この方式では集積回路としては作りづらい。農工大で CVD による薄膜形成の技術に熟練し，強誘電体薄膜も少し実験を始めていたので，これを使って LSI 向きの強誘電体メモリーの基盤を作ろうと考えた。早稲田大学では助手は付かなかったが，幸いなことに農工大での研究生だった平井匡彦，谷本智の両氏を連続して早大に派遣いただけるようになり，秘書の高見裕子さんも続けられることとなり，私としては割と気楽に母校での客員教授をスタートすることができた。

　研究では 1998 年に，ここ数年目標として来たシリコン単結晶上に強誘電体薄膜をエピタキシャル成長させることに成功した。具体的にはシリコン単結晶上に単結晶セリアバッファ層を析出させ，その上に強誘電体薄膜である PLZT を注意深い温度制御によって析出し，ついにシリコン基板と軸方向，回転方向とも良く合った PLZT エピ膜の成長に成功した。この実験は平井匡彦氏によって行われ，素晴らしい成果である。平井氏はこの業績により早稲田大学より工学博士の称号を与えられ，その後オーストラリアの国立研究所で有機エレクト

40   1 超LSI共同研究所の設立前夜とその成果

ロニクスの研究を行っている。

　早稲田に移ってすぐの1993年6月に日本学術振興会の薄膜131委員会から強誘電体メモリーに関しての招待講演の依頼があったので，強誘電体メモリーのスケーリング理論について講演した。我々の強誘電体をゲートとするトランジスタは微細化しても性能が落ちないのである。すなわち，スケーリング理論に乗るのである。

　薄膜131委員会は国内の委員会であるが，不思議なことにどのように伝達されたか分からないが，このテーマは1994年のIEDMのゼネラルセッションでの招待講演にもなった。IEDMのゼネラルセッションは1977年以来2度目で，当時の座長だったマクレイ博士が控え室に訪ねてくれて17年間の久闊を叙し合った（口絵⑩）。マクレイ博士らは，1977年の講演のとき私が超LSI共同研のことを命令で話せなかったことを気の毒に思っていたような気持ちが伝わってきてありがたかった。この招待講演自体がIEEE関係者からのご苦労様というメッセージのように感じ嬉しかった。さらにMOSトランジスタのスケーリング理論を最初に発表したIBMのデナルド博士も控え室を訪ねてくれて，『スケーリング理論を発展させてくれてありがとう』と言われた。

1.4.3　武田計測先端知財団

　武田郁夫氏は1954年にタケダ理研を3人で創業された。私は1951年から半導体の測定の研究を始めたので色々と接触があった。1960年代後半になってIC，LSIの発展が目覚ましくなってくると，武田さんはLSIテスターを是非作りたいと運動を始めた。その結果として，1968年，通産省の重要技術開発費補助金がタケダ理研に交付され，その開発装置の構成および仕様を決定する委員会が日本電子工業振興協会に設置された。その委員長に私が命じられ，幹事には林豊氏をお願いした。

　LSIとなると機能試験が重要になってくると考えた。2人で相談して「ダイナミック・ファンクション・テスト」についての基本的な考え方をまとめて基本特許を出願した。

　タケダ理研はこの考えで装置の構成と仕様を決め，試作機を開発した。この

装置はその後，タケダ理研から「高速 LSI テスター」として発売され，その技術はアドバンテスト社に引き継がれている。これについてはアドバンテスト25 年史に 1 頁位の説明がある。その後の 50 年史では半頁になっている。

(1) 武田賞

その後，アドバンテスト社の業績が拡大し，大株主であった武田さんは資産家となり，社会還元に思いを寄せられ，1 件 1 億円の武田賞の創設を考えるようになった。LSI テスターの開発草創期からの関係からか，武田さんから私に財団の常任理事就任の依頼があった。私も，丁度，早稲田大学が終わった時期であり喜んで引き受け，1999 年末から武田計測先端知財団の常任理事で電子情報部門の選考委員長として武田賞の準備に取り掛かった。

かくして，2001 年と 2002 年の武田賞の選考を行った。特に印象深かったのは 2002 年の青色発光ダイオードについてである。このテーマには既に幾つか賞が出ていたが，すべて赤崎勇先生と中村修二さんのお二人だった。しかし我々が調べてみると赤崎先生のドクターコースの学生だった天野浩さんが重要な発見をしていることが分かったので，彼を入れて 3 名としたのである。ノーベル賞では，このように学生の弟子と一緒に受賞することはないので，ノーベル賞はついてこないと思っていた。ところが 2014 年のノーベル物理学賞はこの同じ 3 人に与えられたのである。

図 1.17 はノーベル賞発表の号外である。発表当日に 3 人が集まれるはずはない。この写真は武田賞の時の写真である。私は，ノーベル賞は武田賞をフォローしたと考えている。

図 1.17 2014 年ノーベル物理学賞の号外

(2) 武田先端知ビル

2001 年の武田賞によって武田さんのお名前が有名になった頃，私は知り合いの東京大学の大規模集積教育センターのセンター長である浅田邦博教授から

『センターはできたけれど，建物がなくて困っている。50億円くらいだけれども，武田さんに寄付をお願いできないだろうか？』というのである。50億円はとても無理だろうと思ったが，一応武田さんにお伺いをたてたら『結構です』という返事に驚いた。かくして武田先端知ビルが，東京大学に寄付されることとなった。後で伺うと40億円位であったとのことである。

　一方，この武田先端知ビルは上述した大規模集積システム教育センターVDECの仕事に使われた。VDECは優秀なLSI技術者を数多く育て，成長する日本の半導体産業に優秀なLSI設計技術者を数多く送り出してきた。

　しかし，この4半世紀の間に本書での繰り返し述べたように，世界の半導体産業は年率7%の高成長を遂げたにも拘わらず，日本の半導体は徐々にその地位を低下させ，現在のシェアは最盛期の50兆円の一割程度に落ち込んでいる。一方，半導体メーカーから汎用チップを調達していたのでは競争に勝てない。そう考えたGAFAなどの巨大IT企業が専用ロジックチップの自社開発に乗り出した。

　こうしたうねりの中，東京大学は2019年にシステムデザイン研究センター（d.lab）を開設し，11月にはTSMCと戦略的提携を結んだ。

　d.labにはVDECと武田クリーンルームを運営する基板設計研究部門と先端設計研究部門と先端デバイス研究部門が創設された。「知価社会において，半導体は産業のコメから社会の神経細胞へと進化します。半導体戦略はどうあるべきでしょうか？この知恵を探すのがd.labのミッションです」（d.lab年報より引用）。武田賞が終わった後，私は武田賞に値するような方の仕事を本に纏めて出版して紹介するなどして，2016年まで引き続き常任理事を務めた。

　文献2）の『半導体共同研究プロジェクト』はこの間に財団から出版させていただいた本で，その本の中で，新しく整理した図があるので口絵⑦に引用させていただく。超LSI共同研究所の成果が挙がったので，共同研究という方法が良いということが認知され，欧米でもこの図の下部に示すように3つの大規模な共同研究が始まり現在も続いている。このうち，オルバニーとIMECにはラピダスがお世話になっているようである。

　一方，上部に示された日本では，共同研以後16年間プロジェクトは行われ

なかった。その原因は日米半導体摩擦にあると考えられる。EUV はプロジェクトは行いながら，国産化に成功していない。

1.4.4　その他の財団活動

今，私は公益財団法人カシオ科学振興財団の理事を務めております。一般財団安藤研究所にも 2016（平成 28）年からの 8 年間委員長を務め，選考委員の所属を出来るかぎり日本全体に広げて，より広い範囲の応募を可能にしました。図 1.18 は私が委

図 1.18　第 36 回安藤博記念学術奨励賞

員長を務めた最後の表彰式の写真で，右が安藤理事長，左が 2023（令和 5）年 1 位の飯村壮史氏（物質・材料研究機構），中央が筆者です。

1.5　超 LSI 共同研究所の成果とその後の進展

1.5.1　DRAM

超 LSI 技術研究組合の目的は，IBM の"まぼろしの 1MDRAM"であったと思う。それなのに今，日本の DRAM は全滅という状態になった。さらに口絵⑦に示したように，共同研の成功を見て欧米では共同研究が盛んになったが，日本では次のプロジェクトまでに 16 年かかった，その原因の一つは本文に示したことと，その延長線上にある姿勢，対応にあるのではないかと危惧している。

日米半導体摩擦の詳細についてはあまり詳しくないが，1986 年に「日米半導体協定」が締結され，「1992 年末までに外国系半導体のシェアを 20％以上にする」と約束させられた。この約束はぎりぎりまで達成されず，1992 年第 4 四半期に急増して，目標をクリアしたとのことである。相当な無理をしたので歪みが残ったと思われる。

その頃から韓国，台湾も立ち上がって，その後，サムスンは牧本次生氏によるとインテルは DRAM 撤退後，フリーになった技術者を 100 人以上の規模で

長期間韓国に滞在させて支援し，韓国の DRAM シェアは日米協定が始まった 1986 年から急速に立ち上がったとのことである。サムスンはメモリー世界一，TSMC はシステム LSI で世界一になるのだが，その間，米国との間で摩擦のターゲットとなったとは聞かない。要するにターゲットとなっては損なのである。

　米国製品を 20% 買わねばならなくなった頃，ある会社の部長さんが私に「それでもいいんですよ。輸入途中の太平洋に捨ててきてもいいんですよ。日本の製品の方が良いんですから。」と強気の発言をしていた。トランジスタを発明した米国のポテンシャルを考えない単純な優越感に危うさを感じた。何か戦前の雰囲気の残渣を見るような感じである。

　もっと早い段階，80 年代に日本の DRAM が世界一になった頃に，米国内で現地生産をするなど，手が打てなかったのかと残念に思う。NEC は 2000 年に米国のローズビルで 1G DRAM を含む工場を着工したが，遅かったようである。日本の自動車工業会によると，1985 年半導体が危険水域に入った頃，米国における現地生産は 398,569 台だったとのことである。自動車の場合，産業の歴史の違いもあると思うが幾度もの摩擦を乗り越えて，いまだに米国のシェアを保っているのは，強気一方ではない見通しと粘り強さにもあるような気がする。

　共同研が 4 年間で終了した後，口絵⑦の下欄に示すように，欧米において巨大な研究所ができた。その中ではラピダスが指導を受けると考えられている IMEC や，現在 IBM と 2nm の検討が行われていると報じられているオルバニーナノテクなどが見られる。それに引き換え上欄に示す日本勢は次のプロジェクトが始まるまでに 16 年かかった。その理由は本書で繰り返し述べた日米摩擦である。

　今一つ，日本の LSI は品質が良すぎて過剰だった面もある。日本の DRAM の良品率，寿命の良さは色々の調査で確認され世界に轟いた時代もあった。日本人気質としてはこの方が安心である。しかし，その一面コストが掛かるのである。日本以外では，許される範囲の品質でコストを下げることに注力したようである。1986 年の頃，当時，米国のマイクロンでのマスク枚数が日本の半分位だということ，製造過程のウエーハの雑な移動方法などが伝わって驚いた覚えがある。

このような諸事情もあって，日本のDRAM各社が売り上げ不振になった。そこで，合弁して2000年にエルピーダメモリーを作ったが，安易なタスキ掛け人事など詰まらないことをして，再び行き詰まってしまったようである。そこで困って2002年末に日本体育大学出身の坂本幸雄氏に社長を頼んだ。坂本氏は出身会社，学歴などを重視しないなどの改革で2009年まではシェアを上げたが，2010年にそれまでに悪化してきた金融危機，それに対する2009年の金融サミットにおける財務大臣の発言，日銀の対応の不適切さなどによって超円高となり，経営が悪化し，結局マイクロンに買収されることになる。

1.5.2 AIチップ

IC〜超LSIは，今まで新しい分野の用途が開かれるのに伴って進化してきた。現在，その新しい分野はAIチップである。AIチップは簡単にいえば，自分で考えることができるチップで，それだけ集積度，構成が進歩してきたということである。

これらのAIチップを纏めて，最初チャットGPTを発表して話題をさらったが，一般名称としては生成AIと名づけられて，各社で検討を進めている。この分野の進歩によって，人間は考えることはチップに任せて，どのような質問をすれば必要な回答が得られるかを考えるようになると思われる。

チップの知能度を上げるために集積化は進み，集積度を上げるためには素子の大きさを小さくすることが必要になる。現在その生産の最先端は2nmトランジスタと言われている。「2nm」はトランジスタのどこの寸法にも対応していないで，発明当時のトランジスタでできたとしたらソース−ドレインの距離が2nmで実現されるはずの性能のトランジスタという回りくどい表現である。

この2nmのトランジスタによる超LSIを開発しようと進行中のプロジェクトが「ラピダス社」である。公式的にはラピダス社は2022年5月23日に日米首脳会議に提案された次世代半導体の量産を担当する会社として発表された。社長の小池順義氏は以前から半導体製造のQ-TATを提唱しており，日立製作所在籍中の2000年に，300mmウェーハによる枚葉式一貫生産を行うトレセンティテクノロジーズ社を作り出した経験がある。小池氏はこの経験に加えて，

電子ビーム描画などを加えて、さらに Q-TAT を目指すと予想される。

問題は現在日本で生産されている LSI の寸法より 1 桁以上小さい寸法を日本勢一社で TSMC などと共存できるようになるかどうかであり、日本の半導体産業が全体的に活性化されることが必要と期待されている。

1.5.3　マルチビーム描画装置

共同研で新しく開発した装置およびその後の発展については次章以降研究室ごとに各担当者からの報告で詳述するが、それらに含まれないものとして 1.2 節で示した世界初の電子ビーム描画装置がある。注文、発注した日本電子㈱（JEOL）はその後、オーストリアの IMS 社との共同開発によりマルチビーム描画装置を開発している。これは共同研の成果ではないが、関連する技術として以下に紹介する。

図 1.19 は 2024 年に発表された第 3 世代機 MBMW 301 のプロトタイプで、ビームの本数が 590,000 のビーム発生装置と、日本電子の超高性能電算機プロジェクト以来、長年改良を重ねてきた描画機プラットフォーム（エアベアリング真空ステージ搭載）を組み合わせた構成となっている。

この第 3 世代機 MBMW 301 では転送速度は 450Gbit/sec と 4 倍ほど向上している。現在、最先端の 3nm ノードから、開発進行中の 2nm ノード、1.8nm ノード、さらには 1.4nm ノード用マスクまで作成できる。

2023 年末にインテル社に納品された ASML の High NAEUV スキャナー

図 1.19　JEOL-IMS によるマルチビーム描画装置 MBMW301

（NA0.55 まで）があるが，NBMN301 はこの High NAEUV に使うマスクを作ることができる（従来の EUV が NA0.55 まで向上し，高い解像度となっている）。

1.5.4 ステッパー

ステッパーは共同研からニコンとキヤノンに発注され，その後両社によって商品化された。

1980 年代は両社によってほとんどの世界シェアが満たされたが，1984 年にベルギーのフランダース地方政府によって IMEC が設立され，同じ年に隣国のオランダでフィリップス社からのスピンアウト企業として ASML 社が設立されたため相対的にシェアは下がった。IMEC と ASML は長年の戦略的パートナーシップを続けており，1984 年に ASML の最初の KrF 露光装置が IMEC に出荷され，IMEC の試作ラインに設置されて以来，新しい露光装置が IMEC に設置され，世界中から来た研究者がこれを使用して，多くの情報が ASML 社にフィードバックされると同時に，研究者の派遣元への納入も進んだと考えられる。この戦略的協調が有効のようである。

先端機種，ArF 液浸まではニコンと ASML が激しく競り合い，スペック上ではニコンの方が良い面もあったが，結局 ASML の方が優勢となった。従来機種についてはニコン，キヤノンが活動中で，例えば i 線ステッパーについては 2016 年実績でキヤノンが世界シェア 57%，ニコンが 20% で，キヤノンは 18 年後半に宇都宮工場を拡充して，17 年度比 1.5〜2 倍にしたようである。

次の EUV については ASML が独占している。これについては次章以降の担当者からの報告で詳述する。

1.5.5 シリコンウェーハ

共同研では 125mm サイズへの大口径化であったが，微細リソグラフィーで問題となるウェーハの反りと変形および微小欠陥の 3 項目を，当時のシリコンメーカー5 社について測定・分析し，その結果をフィードバックした。その後，日本メーカーが世界のシェアの過半を占めてきたが，現在，信越半導体が 1 位

で30%強，SUMCOが2位で30%弱である．3位のグローバルウェーハズ（台湾）が東芝セラミックスのウェーハ部門などを買収して急速に伸びてきた．

大口径化については，300mmウェーハ開発において，日本ではスーパーシリコン㈱が設立され，300mmのほか2000年ごろに400mmまで作った．その1枚が図1.20に写っている．

現在，次期ウェーハは450mmとされ，そのウェーハを使ったVLSI製造技術をオルバニーナノテクに主要メーカーが集まって検討中である．

図1.20 400mmの大口径シリコンウェーハ

1.6 おわりに

■共同研成功の理由

超LSI共同研が成功した理由としては，基礎的・共通的テーマを選んだことのほか

①電気試験所で生まれたシーズ（種）があったこと
②所長に研究室の構成，研究員の配置，研究および予算の使い方などが任されたこと
③構成員の能力と協力が大変良かったこと

などが挙げられる．

超LSI共同研が米国と上手くいかなかったということで，その後復活したプロジェクトで必要以上に気を使う例が多いので，以下に留意すべきの点のポイントを述べておきたい．やるべき事をやっておけば，何ら心配ないのである．

IEEEなど世界的に評価される機関からの招待講演は喜んで受ければよいのである．話したくない部分は話さないでよいだけのことである．

見学も必要に応じて行えばよいのである．例えば，共同研が始まってほぼ1年の昭和52年6月に第二研究室の可変型ビームベクタースキャン型電子ビーム描画が新聞発表された．この装置の原理は極めて分かりやすいもので，世界中が共同研の動きに注目していた頃で，素晴らしいタイミングだったと思う．

外国の記者も入れて，数人で第二研を見せそのあと廊下を一回りすれば狭いことが分かって，それが世界に報道されれば鎮静効果があったと思う。

その他，色々と当たり前のことをやっておけば日本半導体叩きにはならなかったと思う。

■感謝の辞

私の一生を振り返ってみると，超 LSI 共同研までは『超 LSI への挑戦』[3] に書いたように，超 LSI のためになるような準備を色々としてきたみたいで，超 LSI 共同研の後は，陰になり陽になりして，その恩恵を受けたと感じています。特に早稲田大学での「三菱電機・日本電気寄付講座」は，陽のお陰で，共同研解散後 12 年から 18 年にわたって大学に多額の寄付をいただきました。厚く御礼申し上げます。

全般的には，5 社の皆様，根橋正人専務理事，共同研の所員の皆様，東京農工大学の皆様，早稲田大学の伊藤糾次先生，武田計測先端知財団の武田郁夫理事長，電子技術総合研究所の傳田精一博士，馬場玄式氏，林豊博士，関川敏弘博士などなどの大勢の皆様にお世話になったお陰で一生を半導体～超 LSI と共に歩むことができて幸せだったと感謝する次第です。今回の出版につきましてはパソコン入力などにお手伝いいただいた小宮紘一さんに感謝いたします。

本文では共同研について研究以外の話においては，私の厳しかった立場の話が多くなったきらいがあります。しかし，任された研究の面では多くの優れた方々と楽しく，未知だった超 LSI の基礎技術を開発できて，私の人生のピークを迎えさせていただいた楽しい思い出に満ちています。

そこで，最後にこの共同研・同窓会があって欲しい形として，『4 研同窓会誌』のご挨拶にあった，次のフレーズを引用させていただきます。

「楽しい思い出は豊かな日々と心を支えます。居場所になります。お守りになります。」

いま振り返ると，私は共同研までは共同研のために準備をしてきたみたいで，共同研後は超 LSI と一緒に生きてきたような気がしています。

■この章で述べてきた出来事や事象に対する『私の反省』

私がやるべきことをやっていたら，今の半導体は日米が主軸で仕切っていた

のではないかと思っている。

　この本の序論で，日本のシェアが20％台であった時代に，超LSIを発展させるべく300億円の補助金を投じて超LSIプロジェクトを進めたにもかかわらず，40年後のシェアが10％以下になっているという事実は何が間違ったかの反省を関係者に促していると思う。私も相当に近い分野にいたのだから厳しく反省すべきであると，考えている。

〈米国の反発〉

　高度に民主化し，高度に情報伝達が発展して，アーリー博士が言うように日本の弁護士の25倍の数の弁護士を使って政府と企業が弁論で争うことによって社会が成長している米国に対して超LSI技術研究組合の対応はあまりにも彼らの要請に答えなかったという点は，稚拙な対応であり正当な反論が構築できなかったことに起因すると思う。

　そのため，彼らの言いたい放題になってしまった。「米国では許されない政府による補助で超LSI研究が行われている。」というのが，自分たちも政府の補助が欲しい人の意見だとしても，日本ではこのような理由で行っているという，超LSI技術研究組合の存立理由を正々堂々と述べるべきなのである。それをしないで，仲間内だけで自己弁護や気勢を上げていても世界には通じないのである。

〈IEEE IDEM〉

　この点で唯一私が貢献できたかも知れないと思われるのが，IEEE学会のIEDM会議の最初に行われるゼネラルセッションで超LSI共同研究所の話をして欲しいとの招待講演の依頼を受けた時である。

　この会議は上に述べた自分も政府の補助が欲しい人とは違って，日本の意見も聞いて判断しようという良識派で，日本の立場を伝える最高の場を提供してくれたありがたい招待なのである。それを私の上司であった根橋専務に切々とお願いしたのだが，技術委員会に諮った結果，許可されなかった。技術委員会の委員長は根橋専務である。

　本書の序論で述べた日本の惨状に，私としての反省として，この米国の良識

派からの講演依頼に応えることができた可能性を今回探った結果，相当な確度で，それがあったことを以下に述べる。

〈頼れる人〉

前述したように，私の共同研における立場を一番理解し，応援して下さったのはNECの小林宏治会長である。

小林会長は現場の部長達と私との会議の報告を受けていたようで，現場の部長が「共同研で一緒に研究などしたらノウハウが漏れて困る」と主張し，私が「基礎的・共通的技術を開発するから今までのノウハウは要りません」と争っているのを聞き，部長らを宥めてくれたらしい。結局共同研案は認められ，次に私が小林会長に会った時に私に「ノウハウは開放します」と言ってくれたのである。この発言は，メーカーの社長としては危険な発言であり，突き上げられる危険性も含んでいたにもかかわらずあえて言って下さったのは，私の弱い立場への応援だったと思う。

とにかく，超LSI研は日電中央研究所の内に間借りしていたのであるから，毎日何かしら問題が起こるだろうと予測されていたが，全く起らなかった。小林会長と植之原中研所長が気を配って下さったのではないかと思う。

〈12年間覚えていて下さったこと〉

小林会長について一番ありがたかったのは，私が共同研を終えて東京農工大学に移って定年の63歳までの12年間，私の共同研究所における努力と貢献を忘れないでいて，私が定年になると同時に三菱電機と一緒に早稲田大学に多額の寄付をいただき，私を客員教授とする寄付講座を開設していただいたことである。

これは小林会長が私をこれだけ応援して下さっているということは，IEEEの講演依頼の時は知らなかったことであるが，私が今少し見る目があって，「ノウハウは開放します」というような破天荒なことを言って下さる小林会長にそのとき気がついて，IEEEの招待講演が来たことを相談にいっていれば，歴史は変わったと反省するのである。

〈小林会長の応援期待〉

当時の超LSI技術研究組合の理事名簿である表1.2を調べて見ると興味深い

1 超 LSI 共同研究所の設立前夜とその成果

表 1.2 超 LSI 技術組合の昭和 51 年理事名簿

(敬称略)

年度	CDL	F	H	M	NTIS	N	T	専務理事	電電公社
51.3	小島 哲	清宮 博	吉山博吉	遠藤貞和	出川雄二郎	小林宏治	玉置敬三		
51		51.4 小林大祐				51.7 田中忠雄		51.4 根橋正人	51.4 前田光治

ことがある。組合が始まった昭和 51 年 3 月には，理事は小林会長以外は全員社長である。すなわち，スタートの理事会を纏めるために小林氏が会長として一人だけ理事に入り，無事超 LSI をスタートさせ，組織が回り始める昭和 51 年 7 月には理事を田中社長に代わられている。小林会長は昭和 51 年 7 月以降，組合とは組織上縁が切れているのである。IEEE の招待講演は翌 52 年のことだから，私が小林会長に相談していても，根橋専務を飛ばして直訴したことにはならない。

　私が小林会長に相談したらどうなっていただろうか？これは推定の範囲のことだが，当時米国では日本が政府資金を使って超 LSI という最新の IC を大掛かりに研究を始めたらしい。これは米国の安全を脅かすのではないかとのニュースが飛び交い，2 年後には国防総省が共同研に対抗する研究所を作る状況にあった。これらは日本の新聞にも多く取り上げられた。しかし，有識者が多数の IEEE 学会ではまず話を聞くべきだと私への招待状を送ったのである。

　だから，小林会長は，米国の状況はニュースでご存知だが，私への招待状が来たということはご存じないから，私が相談に伺えば是非招待を受けて米国での説明に行くべきだとお考えになり，去年まで一緒だった理事たちに諮って理事会として私への招待を受けるべきだとの意向を根橋専務に伝え，誰も傷つかないで私が講演に行けたと思う。

〈講演内容〉

　さて，次はどんな講演をするかである。米国では「共同研は何をしている？」という疑問に日本が答えないで素晴らしい成果の発表だけをするから，共同研を過大評価していた傾向がある。

　まずは共同研は小さいというところから話を始める。研究員は 100 名，研究室面積は約 1000m² のオーダーだから，製造装置を研究所内に作ることはでき

ないので全部外注になる。したがって成功した装置は当然，その外注先から米国でも購入できます。

　何を研究しているかは，将来の超 LSI の基礎的・共通的技術です。重点は微細加工技術とシリコンウエーハで，微細加工技術は主として電子ビーム加工で，どれだけ小さくできるか，どれだけ速く描けるかが勝負です。過日発表した可変成型ビーム描画装置は，東大の有名な後藤英一先生のアイデアに基づく装置で，どなたでも聞けば分かるようなものです。電子ビーム描画装置に関してはこれからも直接描画は試作や小規模生産に使われると思います。

　量産はマスクからの転写になると思われますので，そのマスクへの電子ビーム描画装置，さらにはマスクからの各種メディアを使った転写装置も需要があると思われます。これくらい話せば後は質問で適宜話せばよかったかと思います。おそらく，会場の雰囲気が和んだ頃に日本国はこの超 LSI が国として重要と選んで推進しているのだが，米国の体制がどうなっても，今後協力して進めていきたいということをアピールすべきだったと思う。

　反省としては，米国はトランジスタを発明した国であり，今後も色々と教わる面が多いからオープンな姿勢で対応すべきだったことである。事実その後の分野など，自動運転，AI，生成 AI と超 LSI を使う分野については米国が次々と開発して公開しているのであって，ちょっと DRAM 製造技術が進んだからといって，そのノウハウを必死に守ることによって大事なパートナーを失ったと思う。

〈その後の続け方〉

　なお，重要なのはその後の日米間の協力の続け方です。日米間の新しい委員会などはとても超 LSI 組合が許さないと思いますから表に出る話はできそうにありません。

　そこで，共同研の情報は欲しがっているところだから，米側が望むなら来年の招待講演予定者を共同研から推薦してもよいといって，その頃の雰囲気では是非そうして欲しいといったら，来年は武石第 3 研究室長を推薦するのでこの間の打ち合わせで連絡は続けられる。この人選には異議は少ないと思う。3 研はノウハウが沢山あって他の人だとその点を気にすると思うが，武石さんは共

同研に来る前，東芝の集積回路研究所長を務めており，この学会での質問など慣れたものだと思う。

とにかく，IEEE との話し合いができていれば，米国内の強硬派もあまり勝手には動けなかったと思う。

ついで，頭に浮かんだ次の年の候補者のついても書かせていただくと，6 研で電子ビーム描画の近接効果補正でパターンを明確に書く論文で，共同研最初の東大の博士の学位を獲得した杉山尚志さんが良いと思った。相当な数学を使っており，彼は後にベンチャー企業を起こして，従業員に数億円くらいの財産ができるように経営していくと公言するような，明るい実現可能性のある大風呂敷を振りまく姿勢が米国での講演に向いていると思う。しかも，使っていた電子ビーム装置は英国製で，他の研究室の装置のノウハウは知らないと思うので，その点も適している。

その次の IEDM の時には共同研は解散しているから別のことを考えなけねばならない。

〈さらにその後の計画〉

共同研解散後も協力を求められたら，その場合，IEEE ではなく他の団体であろうから，その大きさによって大学に行ってから協力するなり，さらに大きければ電総研に帰ってから共同研究を立ち上げることもありえたと考えている。

超 LSI 共同研究所の成果の波及はむしろ欧米において目に見えた波及がみられる。国内においても，集まった企業がシェア 50％まで貢献したと考えられているが，できれば国内での半導体関係で，超 LSI 共同研究所の成果を継承し次世代半導体の柱になるようなプロジェクトが行われることが我らの願いである。

既にラピダスが 2nm 世代の AI を目指して研究を進めているが，この目標に向かって脇目も振らず，多大の予算のもと，その目標に向けで進行中である。

一方，今後の巨大化する AI については，シリコンデバイス微細化技術に加えて，東大の黒田先生が d.lab で提唱している立体化構造が必要である。積み上げるシリコンには最も適切な箇所にトランジスタが構成され，さらに難しいのは，そのシリコンの上下には上も下のシリコンブロックと結ぶ箇所に結線の

用意をしておくことも必要である。これは当面はチップの縁を利用している。このような組み立て技術は，従来からも日本はその実績が評価されている。これらの技術はアイデアがあっても実現には予算と成し遂げようとする意志が必要である。これは共同研究所を運営する過程で，何度か実感したことである。

そこで，私は本書で述べたところを参考にして，次世代 AI に向けての新しいリソグラフィー，および微細組み立て技術に対する共同研究所の設立を提案したい。ここで基礎的・共通的なものはなんだろうか？新しい数学が導入されれば素晴らしいが，当面はケースバイケースで技術者の経験に任されいくのではないかと思われる。この立体回路も IC，LSI，超 LSI と発展の道を辿ったように数十年かけて巨大化されていき，大きな産業となり，その間に多くのイノベーションを生み出すと考えられる。超 LSI の超は立体を含んでいるかも知れない。

参 考 文 献

1) 垂井康夫編：『超 LSI 技術』，オーム社（1981.3）
   共同研究所は 1980 年 3 月に終了したが，その成果を纏めておくとよいということで出向者の内 46 名を著者として執筆していたが，1 年後に完成した。共同研究所での技術成果が最も正確に詳しく述べられている。編集幹事は飯塚隆，中村琢磨，奥泰二，鳳紘一郎，清水京造，右高正俊の諸氏であった。

2) 垂井康夫編著：『半導体共同研究プロジェクト』，工業調査会（2008.12）
   超 LSI 共同研究所の成功を見た米国，ヨーロッパでは，共同研究がいいということで，次々と共同研究が始まった。日本でも 16 年の休止期間を経て始まった。このあたりを明らかにしておきたいと考えていたが，私が常務理事をしていた武田計測先端知財団でその機会を得て出版することができた。
   有能な執筆陣を得て，超 LSI 共同研が元祖であることを明らかにすることができた。著者には財団に転職していただいた相崎尚昭，三浦義男の両氏も加わっている。

3) 垂井康夫著：『超 LSI への挑戦』，工業調査会（2000.4）
   この本は，「半導体産業新聞」が，トランジスタ発明からの 50 年の間に日本で何があったかを記録しようと，一年ごとに私の監修で「日本半導体 50 年史」を掲載した。これと一緒に私が毎年何をしていたかを掲載した。この私の分を纏めたものである。

4) 'Tarui, Denda, Miyauchi, Tanaka: "Electron Beam Exposure System for Integrated Circuits", *Microelectronics and Reliability* 8, p.101（1969）

2 電子線源と電子光学系

第三研究室　中筋 護（東芝出身）

2.1 高輝度電子線源

　高輝度電子線源は電子顕微鏡，加速器，超 LSI の製造・検査システムの性能を左右しかねない重要な構成要素である。ターゲットで得られる輝度は Langmuir limit で制限されると 80 年以上信じられてきた。

　超 LSI の最小線幅が小さくなれば，リソグラフィー，欠陥検査，電子線テスティングなどにおいて電子線を細く絞り可能な限り大きいビーム電流が必要になる。一方，電子ビームやイオンビームでは光ビームと異なり，薄い凹レンズがないので収差補正が困難である。このため収差の小さい小開口角で使う必要があり，小ビーム径，小開口，大ビーム電流，すなわち高輝度の電子線源が要求される。

　電子線源の輝度に関して，Langmuir[1] と Pierce[2] はそれぞれ 1937 年と 1939 年に 2 つの定理を導いた。

［定理 1］ ターゲットで得られる輝度はレンズ光学系を用いて向上させることはできない。

［定理 2］ ターゲットで得られる電流密度 J は式（2.1）で示される最大値がある。

$$J = (J_c\, eV/kT_c + 1)\sin^2\theta \tag{2.1}$$

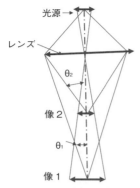

図 2.1 レンズで輝度を変化できない説明図（旧理論）

ここで，e/k は（電子の荷電 / ボルツマン定数）の定数であり，J_c はカソード電流密度，V は加速電圧，T_c はカソード温度である。

この式では，図 2.1 に示したように，"レンズで θ を 2 倍（像 2）にした場合，ビームサイズは 1/2 になり，電流密度 J_i は 4 倍になる" との常識的なことしか分からない。

式（2.1）の両辺を $\pi\sin^2\theta$ で割ると式（2.2）になる。

$$B = (J_c eV/kT_c + 1)/\pi = J_c eV/\pi kT_c \quad (2.2)$$

ここで，第 2 項は第 1 項に比べてはるかに小さいので，通常省略してよい。この結果，輝度 B は J_c と V に比例し，T_c に逆比例するとのシンプルな表示 Langmuir limit になる。Langmuir limit を大きく超える実測輝度の発表がなかったので，この式は少なくとも 83 年間信じられてきた。このため，高輝度を得る手段は，J_c の向上と低仕事関数のカソード材料を探すことによる T_c の低下の努力が継続されてきた。これらの努力はある程度の成果を収めている。しかし，超 LSI の最小線幅の小さくなる動向に対応するには Langmuir limit をはるかに超える高輝度電子線源が必要になるのである。

2.2 輝度の測定例

可変成形ビームを用いた電子線描画装置では，電子銃に要求される主性能として高輝度と高エミッタンス（収束角 × ビームサイズ：μm・mrad）が必要であった。これは成形ビームの最大直径と最適収束角[3]の積で決まる値である。一般にカソード曲率半径を小さくすれば，実用的な電子銃電流でカソード電流密度が上がり高輝度になるが，光源像サイズが小さくなり，エミッタンスが小さくなる。すなわち高輝度と高エミッタンスは互いに矛盾する要求なのである。この矛盾する要求を同時に満たす電子銃を得るため，カソード曲率半径を 30,

60,120,240 と 480μm のカソード
を製作し，輝度測定を行った．

図 2.2 は，超 LSI 共同研究所で行
われた輝度の測定結果[4]に，シミュ
レーションで得たカソード電流密度
と式（2.2）から算出した輝度の
Langmuir limit を追加した結果[5]で
ある．ここで，太実線，太破線，太
点線，細実線（黒マーク）および細
実線（白マーク）はそれぞれ30，
60，120，240 および 480μm の曲率
半径の LaB$_6$ カソードでの輝度の電
子銃電流依存性である．

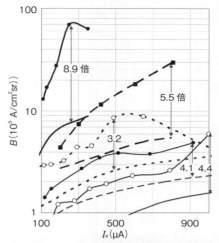

図 2.2　LaB$_6$ カソード電子銃の輝度の実測値と Langmuir limit との比較

これらのカソードでの Langmuir limit は対応する線のマークがない曲線である．図には 30,60,120,240 および 480μm の曲率半径のカソードでの測定値と Langmuir limit が最も大きく離れる測定点での両者の比が示されている．輝度の測定値はレンズの収差や空間電荷効果によるボケを含んだ値であり，これらの値を下回ることはないので Langmuir limit は疑わしい．

2.3　Langmuir limit を超える高輝度の測定

Langmuir limit を越える高輝度を得るため，タングステンの尖端を 500μm の曲率半径になるよう研磨し，タングステンフィラメントに溶接したカソードを製作し，このカソードを JEOL 社の SEM（走査線電子顕微鏡：JSM-5400）に装着し，測定を行った[6]．SEM の電子光学系を図 2.3 に示す．3 段レンズで構成されている SEM の 2 段目レンズを非励磁にし，初段レンズの励磁を変化させて輝度を測定した．輝度 B の測定は，ビーム径 ϕ，ビーム電流 I_b，収束半径 a を測定すれば，式（2.3）で計算される．

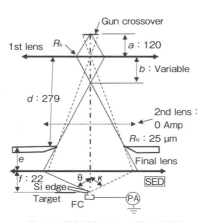

図 2.3 輝度測定を行った電子光学系

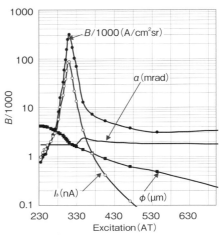

図 2.4 カソード曲率半径 500μm のカソードでの輝度の測定結果

$$B = 4I_b/(\pi a \phi)^2 \tag{2.3}$$

ここで，a は κ と θ の大きい方の値とした．さらに，κ は図 2.3 の点線で示したレンズ励磁に依存しない値であり，θ は初段レンズの励磁変化によりクロスオーバ位置の変化に応じて変化する実線で示した線で決まる値である．

I_b は試料位置に設けたファラデーカップで測定した．ϕ は試料位置に設けたナイフエッジにビームを直角に走査して 2 次電子検出器の信号をサンユー社の波形処理装置（digital capture-SUP7707）の信号の立ち上がりの 12〜88％の距離で評価した．

加速電圧 10，20，30kV で測定を行った．図 2.4 は 20kV での測定結果である．黒丸付きの曲線は輝度の測定値であり，レンズの励磁を変化させることにより輝度の大きな変化が見られる，すなわち上記 Langmuir の［定理 1］が実験的に否定された．輝度の大きい変化はビーム電流 I_b（白丸曲線）の大きい変化に依存している．これは，式（2.3）の分子の I_b が大きく変化しているにもかかわらず分母 ϕ の変化は小さく，同じく分母の a の変化もほとんどないことにより輝度がおおきく変化しているといえる．

2.3 Langmuir limit を超える高輝度の測定

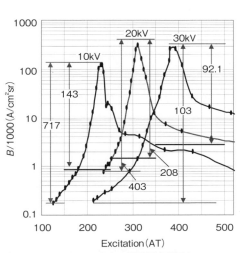

図 2.5 10, 20, 30kV での輝度測定結果と Langmuir limit との比較

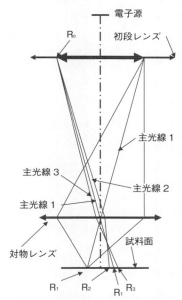

図 2.6 ϕ が AT の減少関数になる説明

　図 2.5 は 10, 20, 30kV の加速電圧での測定のうち, 輝度と Langmuir limit のみを纏めたものである。Langmuir の値はシミュレーションにより J_c を算出し, 式 (2.2) により算出した。結果は横軸に平行な線で示されている。輝度の最大値は, 尖端の曲率半径が 500μm と大きく, カソード電流密度 J_c は小さく, タングステンカソードによりカソード温度 T_c が大きいにもかかわらず 10, 20, 30kV でそれぞれ, 1.33×10^5, 3.4×10^5, 3×10^5 A/cm^{2}sr の値が得られた。輝度の各加速電圧での輝度の最大値と Langmuir limit を比較 (実測輝度 / Langmuir limit) すれば 143, 208, 103 倍の値が得られた。これにより, 前記 2 番目の定理が否定された。

　ビーム径 ϕ が I_b に依存せず, 何故第 1 レンズの励磁の減少関数になるか図 2.6 を用い説明する。ここでは簡単のため開口瞳 NA は略してある。電子銃・初段レンズ・対物レンズの系で, 電子銃から発散してくるビームを初段レンズで受け, 対物レンズ主面に合焦した条件は Köhler illumination[7] (ケーラ照明) と呼

ばれ，可変成形電子ビームリソグラフィーで馴染みの光学系であり，この場合，初段レンズ主面でのビーム強度分布の像が対物レンズでターゲットに合焦される。ビームサイズφは，初段レンズ主面でのビームサイズR_0と（像点距離／物点距離）比で縮小される。図2.6で，初段レンズでのビーム両端R_0とクロスオーバを結んだ線（主光線）がターゲットへの入射点間距離がビームサイズφである。ケーラー照明条件では上記主光線は対物レンズの中心を通るので直進する。第1レンズの励磁がケーラー照明条件より高励磁側にずれた場合の主光線2は対物レンズで光軸側に屈折し，ターゲットではケーラー照明条件の場合のR_1より内側R_2でターゲットに入射し，φは小さくなる。対照的に，第1レンズの励磁がケーラー照明条件より低励磁側にずれた場合の主光線3は対物レンズで光軸側に屈折し，ターゲットではケーラー照明条件の場合のR_1の外側R_3でターゲットに入射し，φは大きくなる。したがって，φの測定値は妥当であり，ビーム電流が大きく変化してもφはその影響を少ししか受けない。

　開口角aは，NAが対物レンズの主面にある場合，初段レンズの励磁を変化した場合，NAが十分照明されていれば「NA半径／対物レンズの像点距離」で算出され，一定値になる。図2.3の光学系場合，NAの光軸方向位置が少し対物レンズ主面と異なる位置にあるため少し複雑になるが，基本的には初段レンズの励磁で大きな変化はなく，クロスオーバがNAの少し上に結像している励磁のとき，ケーラー照明条件の場合より図2.6に示されているようにわずかに大きくなる。以上のように，クロスオーバがNAに結像されている場合輝度は大きくなり，ケーラー照明条件の場合もこれに近く，ここから外れた場合，輝度は大幅に低下する。

2.4　ケーラー照明方式での輝度の計算式

　ここでは大きい実測輝度を得るため，30μm曲率半径のカソードを用いた測定結果[8]について述べる。200μmφのタングステン線の尖端を約30μmの曲率半径に研磨し，200μmφのタングステンフィラメントに溶接したカソードを製作し，このカソードをJSM-5400に装着し，測定を行った。図2.7にカソード

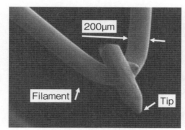

図 2.7 カソードの SEM 像

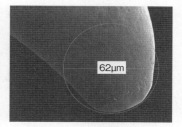

図 2.8 カソード尖端拡大図

の SEM 像，先端部の拡大像を図 2.8 に示す。図 2.8 から明らかなように，カソードの球面形状はあまりよくない。

輝度の測定結果を図 2.9 に示す。輝度の最大値（2.1×10^8 A/cm^{2}sr）の値と，比（B/Langmuir limit）：500 が得られた。ϕ が励磁 AT の緩い減少関数になっているので，B の曲線と I_b の曲線を比較すると，B は I_b の曲線から少し高励磁側に寄っている。

次にこの輝度の AT 依存性がこのような曲線になることを定量的に示す。上記ケーラー照明光学系では2

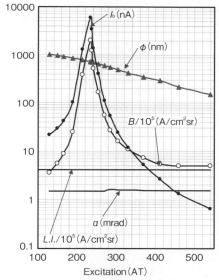

図 2.9 カソード曲率半径 30μm カソードのケーラー照明での輝度

つの像が存在する。1つはケーラー照明像であり，2つ目はクロスオーバ像である。光学系の図 2.3 に破線で示したように，対物レンズで初段レンズ主面にピントを合わせれば前者の像が観測され，図 2.3 に実線で示したように，初段レンズの像点 b に対物レンズのピントを合わせれば後者の像が観測される。これら2つの像の I_b と a は，第1レンズの励磁 AT が同じであれば，対物レンズの励磁のみの変化であるので両方とも同じである。

クロスオーバ像の輝度 B_{co} とビーム直径 ϕ_{co}，ビーム電流 I_b および開口半径 a

の関係は式 (2.3) から式 (2.4) が得られる。

$$B_{co} = 4I_b/(\pi a\phi_{co})^2 \tag{2.4}$$

式 (2.3) と式 (2.4) の比をとれば，式 (2.5) が得られる。

$$B/B_{co} = \frac{4I_b/(\pi a\phi)^2}{4I_b/(\pi a\phi_{co})^2} = (\phi_{co}/\phi)^2 \tag{2.5}$$

すなわち，ケーラー照明像とクロスオーバ像との輝度の比 B/B_{co} は，（クロスオーバ像のビーム直径/ケーラー照明像のビーム直径）比の2乗であるとの衝撃的な結果が得られる。この導出でレンズはイオンビームで用いられる静電レンズを排除する理由はないので，静電レンズでも成立するはずである。このためイオンビームでも適用可能と期待出来る。

次にϕ_{co}の算出方法を略述する。詳細は文献8)を参照。レンズ励磁ATと初段レンズの像点距離bの関係は，実像を形成する場合はシミュレーションで簡単に得られる。虚像になる場合は初段レンズにAT値を入れ，軌道をシミュレーションし，その軌道を後方に延長し，光軸との交点を求め，レンズ位置と交点間距離からマイナスbとして得られる。各励磁（AT）で求めたbとマイナスbの値と，電子銃が初段レンズの前方に形成するクロスオーバ直径ϕ_gを2段拡大あるいは縮小して求めたϕ_{co}の計算結果を図2.10の下側の細線で示す。この曲線上の値とϕの値との比を算出し，2乗すれば図2.10の太い実線で示した$(\phi_{co}/\phi)^2$が得られる。B_{co}はレンズ条件に依存せずすべてのAT値で

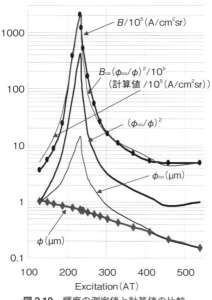

図2.10 輝度の測定値と計算値の比較

同じ値であるので，520AT での値 $4.5\times10^5\,\mathrm{A/cm^2sr}$ の値を用い，太線 $(\phi_\infty/\phi)^2$ を掛けると上側の細線 $B_\infty(\phi_\infty/\phi)^2/10^5\,\mathrm{A/cm^2sr}$（図 2.10 で計算値 $/10^5\,\mathrm{A/cm^2sr}$ と表示）が得られる。上側の細線と B の実測値は非常によく一致しているので，図 2.10 の輝度の実測値は理論的かつ定量的に正しいと言える。

次に I_b がレンズ励磁で 4 桁も変化するのは妥当か否かを検証する。式（2.3）から式（2.6）が得られる。

$$I_b = B_\infty(\pi a \phi_\infty)^2/4 \tag{2.6}$$

I_b の実測値が妥当か否かを検討するため図 2.11 で式（2.6）の値と実測値を比較した。図 2.11 はカソードが軸対称ではないタングステンフィラメントカソードでの測定結果である。図 2.11 では ϕ の曲線が AT の緩い減少関数ではなく，励磁が 200AT に最大値を持つ曲線になっている。これはカソードのビーム放出面が楕円形で，初段レンズ主面でのビーム形状が楕円形であるため，ターゲットでのビーム形状も楕円形である。この楕円像は初段および対物レンズで回転する。この場合，200AT では楕円の長径方向とビーム径測定用のナイ

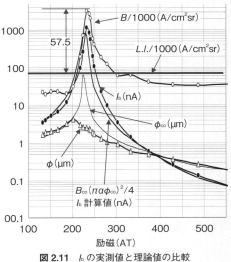

図 2.11 I_b の実測値と理論値の比較
（W-filament カソード）

フエッジ方向が直角でφが大きく観測された。レンズ励磁の変化で両者の角度が直角から外れる効果のためこのような曲線になったと理解できる。図2.11でI_bの実測値（黒丸マーク付き曲線）と式（2.6）の計算値（上側の曲線）は少し横にずれているがほぼ一致している。レンズ励磁の変化で両者は4桁程度変化しているのでI_bの変化は理論に合っている。以上の測定から，定量的にも輝度およびビーム電流の測定結果は妥当であると言える。

タングステンフィラメントカソードの等価曲率半径を $(400 \times 62.5)^{1/2} = 158$ μm として，I_c の54μAでのJ_cをシミュレーションで2.73A/cm^2 と算出し，Langmuir limit $(6.88 \times 10^4$ A/cm^{2}sr) を図2.11に示した。$B/L.l.$ 比57.5倍が得られた。

以上は既設のSEMの光学系を用いた測定で，最大500倍の$B/L.l.$ 比が得られた。さらに大きい$B/L.l.$ 比が必要とか，レンズ系の全長を短くできるかは式（2.5）を用いれば確認可能である。

$$B/B_{co} = (\phi_{co}/\phi)^2 \tag{2.5}'$$

図2.12を用いて2段レンズの場合のB/B_{co} 比の式を作る。図2.12で実線と破線はそれぞれ，クロスオーバ像とケーラー像の結像線である。図2.12からϕ_{co}とφはそれぞれ式（2.7）と式（2.8）で算出できる。

$$\phi_{co} = \phi_g (b/a)(d/c) \tag{2.7}$$

$$\phi = (\phi_g + 2a\,\theta_g)d/(b+c) \tag{2.8}$$

$$(\phi_{co}/\phi)^2 = ((\phi_g(b/a)(d/c))^2/((\phi_g + 2a\,\theta_g)d/(b+c))^2$$
$$= ((\phi_g\,b(b+c)/(\phi_g + 2a\theta_g)ca)^2, \quad \text{ただし} c>d, a>0. \tag{2.9}$$

B/B_{co}を大きくするには式（2.9）を大きくすればよい。2乗で効くが，I_bが電子銃電流を超えられないことと $c=0$ で B/B_{co} の最大値が500であったので，上記500倍を大きく向上するのは2段レンズでは困難と予想される。

そこで，レンズ段数を3段にするとどうなるかを検討する。図2.13は3段レンズでの光学系である。図の左側の数字は各光学部品間の寸法例である。図2.9の測定値が得られたカソードをこの光学系に装着し，加速電圧20kV，電子

2.4 ケーラー照明方式での輝度の計算式

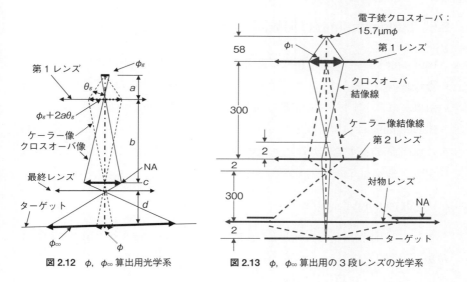

図2.12 ϕ, ϕ_∞ 算出用光学系　　図2.13 ϕ, ϕ_∞ 算出用の3段レンズの光学系

表 2.1 カソード曲率半径 R_{cc} と B, $B/L.I.$ の関係

R_{cc} (μm)	B (A/cm^{2}sr), 20kV	$B/L.I.$	備　考
30	2.05×10^8	499	球面形状：よくない
158（等価）	3.99×10^6	47.5	W-フィラメント（125μm ϕ）
400	3.4×10^5	208	400μm ϕ の円柱の尖端

銃電流 54μA の場合の ϕ_1 は 14.3μm と仮定する。このビームは第2レンズで 1/150 に縮小され，95.3nm ϕ になる。さらに対物レンズで 1/150 に縮小され 0.63nm になる。対物レンズの色収差と空間電荷効果によるボケを 0.38nm 以下にできれば 1nm のビーム径が得られ，10万倍程度の SEM 像が得られると期待できる。

3種類のカソード曲率半径のカソードの輝度測定の結果を表2.1にまとめた。カソード曲率半径が小さくなると，球面形状精度がよくないカソードにもかかわらず，ケーラー照明にした結果の最大輝度 B も Langmuir limit との比（$B/L.I.$）も急速に大きくなった。

2.5 Langmuir limit は何故誤りか

Langmuir limit を超える輝度の実測値が出たら，リウベルの定理が成立しない恐れあるとの考えがあった。もしそうなら理論物理を覆す大問題になると聞いた事がある。リウベルの定理は問題ではない事を含めて以下に記す。

B. Langmuir は初期条件として，式（2.10）から始めている。これは，面積 A の放出面から距離 r 離れた位置の面積 dA' の面が受ける radiation dI' は式（2.10）であると主張している。

$$dI' = I_0\,A\,dA'\cos\theta/\pi r^2 \qquad\qquad (2.10)$$

ここで，θ は放出面の法線と r の角度である。この式は２つの明らかな誤りがある。

1. r が０のとき dI' が無限大になること。

2. Rradiation が光線のようにレンズに入射するまでは直進する性質であれば "$dI' \propto \cos\theta$" が成立するが，電子線のような荷電粒子ではビームは曲線軌道を取るので，"$dI' \propto \cos\theta$" が成立するのは放出面近傍の $r \ll$（放出面と陽極間距離）に限定される。

したがって，これら２つの誤りがある初期条件から導入された式（2.1）は間違っている。

J. R. Pierce は，マックスウエルの分布則，リウビルの定理，エネルギー保存則を用い式（2.1）を導いている。ここでは Langmuir が用いたような誤った式（2.10）を使っていないので，一見，式（2.1）は正しいと思える。しかし，前述のように式（2.1）のままでは意味はなく，式（2.2）にして始めてレンズで可変できない輝度 B の式になる。

例えば，ゴルフボールの飛距離を計算するには，ボールの初期速度と打ち出し角度を初期条件で決めないと計算できない。米国のプロゴルフプレイヤーのデシャンボーのアイアンクラブはすべて長さが同じで，初期角度を与えるロフト角を変えて飛距離を制御している。つまり，初期速度より初期角度を重視している。これは１つの方法で，彼はメジャーでも勝っている強豪である。これ

と対照的に，輝度 B を導くには，Langmuir が初期条件として用いたカソードからの放出強度の角度分布が必須である．何故ならもし $dI' \propto \cos^n\theta, n \gg 1$ であればカソードから高輝度の電子線が放出されることであり，当然ターゲットで得られる輝度も大きくなる．$dI' \propto \cos^{10\sim100}\theta$ は例えば単結晶 LaB6 の（310）面からの電子放出の中心付近のパターンで観測される．したがって，輝度の計算ではビームの初期速度分布（マックスウエルの分布則）のみではなく，放出強度の角度分布（$dI' \propto \cos\theta$）が必須である．また，初期条件に初期速度分布が必要であることを説明している文献はなく，強度分布が必要であることは容易に理解できる．初期条件に強度の角度分布のない J. R. Pierce の式は誤りである．

2.6　超 LSI の Testing やリソグラフィーに必要な電子線源および電子光学系

超 LSI の Testing にはサブ nm のプローブビーム径で大きいビーム電流が必要である．ケーラー照明方式の光学系を用いれば，ケーラー照明のビームサイズ ϕ を小さくすればクロスオーバビームのサイズ ϕ_∞ は大きくなり，式 (2.6)

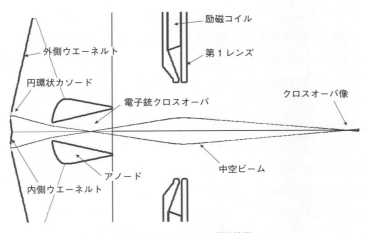

図 2.14　中空ビームの電子軌道

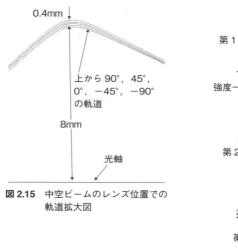

図 2.15 中空ビームのレンズ位置での軌道拡大図

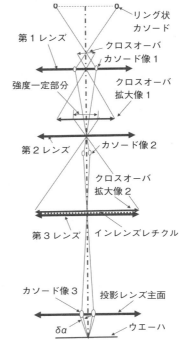

図 2.16 投影レンズ主面で中空ビームの光学系

に示したように B は Langmuir limit の $(\phi_\infty/\phi)^2$ 倍になるが，この式がどこまで成立するかは未知であるが，輝度を Langmuir limit の 500 倍にできれば超 LSI の最小線幅の減少動向に対応できると期待できる。ケーラー照明はどのような電子線源でも適用可能なので，原理的にはどのようなビーム径でも必要なビーム径とビーム電流が得られ，Testing の高速化に貢献できる。

超 LSI のリソグラフィーでは，①単電子線源・マルチ光軸タイプとマルチ電子線源，②マルチ光軸タイプの電子線描画装置[9] および③縮小転写装置[10] がある。スループットを上げるには，ビーム電流を大きくする必要がある。①の方式ではマルチ光軸からクロスオーバを形成後ターゲットに照射される。このクロスオーバで空間電荷による大きいボケが避けられない。この観点から，②の方式がよいと考える。ここで光学系をケーラー照明方式にすれば，ビームサイズが小さくなっても輝度は大きくできるので，小さいカソード電流，小さい

加速電圧で動作可能の装置を形成できるので，一光軸当たりの発熱量を小さく
でき，光軸数を多くでき，高スループットの装置が期待できる。

　縮小転写装置では，空間電荷効果によるビームボケがスループットを制限し
ている。この方式での電子光学系は通常ケーラー照明方式であるが，クリティ
カル照明方式[6]の場合の電子線源および電子光学系を検討した。これは電子銃
が形成するクロスオーバの拡大像でレチクルを照明し，レチクルをウエーハに
投影するレンズ主面にはカソード像を結像させる方式である。カソードを円環
状にすると投影レンズ主面では中空ビームにすることができる。中空ビームで
は空間電荷効果によるビームボケが小さいことはよく知られている[11]。

　図2.14は中空ビームの軌道計算の一例である。ラジアル方向の初期角度は
$-90°$，$-45°$，$0°$，$45°$および$90°$の5本で計算した。軌道の内側も外側にもビー
ムのない中空ビームが形成されている。アノードの後方の磁気レンズでクロス
オーバ像が右側に拡大されている。

　図2.15は中空ビームのレンズ位置での軌道の拡大図である。ビーム半径
8mmに対して，ビーム厚み0.4mmである。この（ビーム厚み／ビーム半径）
1/20が投影レンズ位置でも保存され縮小されるので，空間電荷効果によるビー
ムボケはほとんど発生しないと期待できる。

　図2.16は，中空ビームの電子源を縮小転写装置に適用した概略図である。
リング状カソードから放出された電子線は第1レンズの手前にクロスオーバを
形成し，さらにその前方にカソード像を形成する。このカソード像位置に第1
レンズを設け，このレンズでクロスオーバを拡大し，第2レンズの手前にクロ
スオーバ拡大像1を形成し，第2レンズで第3レンズ主面のレチクルにクロス
オーバ拡大像2を形成する。この拡大像はレチクルの対角線上の寸法より十分
大きく，ガウス分布の中心部の98％以上の平坦部の中にレチクル全体が収ま
るようにする。このレチクルを透過した電子線を投影レンズでウエーハに結像
させる。このときカソード像1，2，3はレンズで結像され，投影レンズの主面
で中空ビームになっている。中空ビームでは空間電荷効果によるビームボケは
小さく，多くのビーム電流を流せるので転写装置のスループットの向上が期待
できる。

2・7 2章のまとめ

1. Langmuir limit を超える輝度が得られる事を実験的・理論的に示した。

2. ケーラー照明光学系のターゲットで得られる輝度 B は，

   $B =$ Langmuir limit $\times (\phi_{co}/\phi)_2$ で計算される。

3. J. R. Pierce が誤った式を導出したのはラウベルの定理が成立しないのではなく，計算の初期条件にカソードからの電子の角強度分布（cos law）を用いなかったからである。

4. Langmuir limit を超える高輝度は，電子顕微鏡，加速器，超 LSI の製造検査システム或いはイオンビーム装置の性能向上を期待される。

輝度の測定で（株）サンコー電子の後藤勝人氏，平野豊氏にお世話になった。また本章の構成において相崎尚昭氏に多大かつ貴重なご指摘を頂いた。ここに深謝する。

参 考 文 献

1) B. Langmuir：*Proc. IRE*, **25**, No.8（1937）.
2) J. R. Pierce：*J. Appl. Phys.* **10**, 715-724（1939）.
3) 垂井康夫編：超 LSI 技術，オーム社，p.23（1981）.
4) M. Nakasuji and H. Wada：*J. Vac. Sci. Technol.* **17**（6）1376（1980）.
5) Mamoru Nakasuji：*Rev. Sci. Instrum.* **84**, 083703（2013）.
6) 垂井康夫編：超 LSI 技術，オーム社，p.22（1981）.
7) M. Nakasuji, K. Goto and Y. Hirano：*Jpn. J. Appl. Phys.*, **59**, 105001（2020）.
8) M. Nakasuji, K. Goto and Y. Hirano：*AIP Advances*, **11**, 035011（2021）.
9) Platzgumer, Klein, and Loeschner：*J. Micro/Nanolith*. MEMS and MOEMS, SPIE, 031 108-3（2013）.
10) 垂井康夫編：超 LSI 技術，オーム社，p.146（1981）.
11) 裏克己：電子光学，オーム社，p.96（1979）.

3 微細電子線描画・検査技術とその変遷

3.1 ナノメートル用電子線描画技術の開発

第一研究室長　右高正俊（日立製作所出身）
第一研究室　保坂純男（日立製作所出身）

　超 LSI 技術研究組合共同研究所第一研究室が解散してから，早くも 45 年が過ぎようとしている。ここにきて再度 " 半導体は産業のコメ " だと騒がれている。昨年には，自動車産業において半導体製品の品不足で，自動車の生産がストップしたことで大騒ぎになった。好きな車が 1 年後にしか入手できないなどのニュースが世間を騒がした。その後，AI（Article Intelligence, 人工知能）の登場と共に大量データを処理するデータセンターの必要性が高まってきた。この動向は半導体素子として，GPU（Graphic Processing Unit）- HBM（High Bandwidth Memory）を大量に必要としている。これは半導体産業における大きなターニングポイントである。共同研究所の解散当初は CPU（Central Processing Unit）の 開 発 と 共 に DRAM（Dynamic Random Access Memory）が必要となり，日本企業は大いに DRAM で世界をリードしたものである。くしくも 45 年経た今，CPU-DRAM 時代から GPU-HBM 時代に突入したと言える。なお，HBM は DRAM を数多く積層したメモリ素子であり，DRAM を大量に使っている。すなわち，微細パターン形成技術は今も重要なのである。ここで，45 年前にいかに大容量の DRAM などのメモリ素子を製作するか，その一翼を担う微細パターン形成技術の研究にスポットを当て，共同研究所でのミッションをもって研究した当時を振り返ってみよう。

3.1.1 超 LSI 共同研における参加企業の分担と出向者間の融和

1975 年，田無の電総研に垂井康夫室長を訪ね，共同研究の打ち合わせを行った。出席者は企業から，東芝：武石喜幸さん，日本電気：川路昭さん，富士通：中村正さん，三菱：奥泰二さんで電総研側から飯塚隆さんと電総研垂井研究室の小宮祥男さんも同席した。共同研究の研究範囲と分担が討論され，基礎的・共通的テーマの中から，第一研究室（中心日立，室長：右高）は電子線描画装置，電子線評価装置，電子線転写装置を担当，第二研究室（中心富士通，室長：中村）は電子線描画装置，エックス線転写装置を担当，第三研究室（東芝中心，室長：武石）は電子線描画装置，ホトリピータ（東芝の希望で追加）を担当，第四研究室（各社混合，室長：飯塚）は結晶の評価担当，第五研究室（三菱中心，室長：奥）は製造手法の研究を担当，第六研究室（日本電気中心，室長：川路）は LSI 評価の研究を担当することとなった。

1976 年 4 月になると正式の出向が始まり，研究所は正式の建屋が出来るまでの仮住まいで，霞が関ビル 29 階に決まった。当時全日空の若狭社長事件で有名になった全日空本社の 1 階下であった。毎日，国鉄の四ツ谷駅で地下鉄に乗り換え虎ノ門で下車して通勤した。ここでは研究に使う装置の仕様・発注先・価格などの検討を行った。価格が今まで日立中央研究所で取り扱ったものより一桁大きく，時には桁を間違えることがあった。数か月して宮崎台に日本電気中央研究所の建屋が完成し，間借りできたので，そちらに移動した。霞が関時代は計画段階だったので室長クラスの者が集まっていたが，宮崎台では研究員も次第に増えて，ほぼ全員で計画を実行する体制が整った。電子描画装置では日立出身の市橋幹雄氏，早川肇氏，保坂純男氏が，電子線検査装置では日立出身の久本泰秀氏，水上浩一郎氏に日本電気出身の和田容房氏が，電子投影装置では日立出身の浅井孝行氏，伊藤親市氏に三菱電機出身の江藤俊雄氏がそれぞれ担当した。また全装置に共通の移動装置の開発には日本電気出身の西貞明氏が担当した。また少し遅れて日立武蔵工場から朝波健一氏と向原政弘氏が参加した。

このように，共同研究所が滑り出したある日，名古屋大学の服部秀三先生が

突然共同研究所を訪問され「名古屋大学半導体関係研究室の教授として是非来て欲しい」とのことであった。新幹線新横浜駅近くの寿司屋で会食しながら承諾を迫られた。私は室長として 10 億円近い研究費を計画・実行し，それが発足したばかりだったので「どうしても手を引く訳にはいかない」と辞退した。服部先生はかなりお困りの様子で新幹線の名古屋行きすれすれの時間まで熱心に説得されたが，私も超 LSI 共同研究から手を引くことができなかった。

　この事件の少し前に当時松下電器東京研究所におられた赤崎勇氏から松下東京研究所に見学に来ないかとの話が何回もあり，私も訪問を約束していたが連絡が来なくなって変だと思っていた矢先，赤崎氏が名古屋大学半導体研究室の教授になられたというニュースが入って納得した。

　超 LSI 共同研究所第一研究室では昼，西さんがよく碁の相手をしてくれた。また昼休みに日電中研の付属テニスコートで西さんとテニスして楽しかったが，昼休みに誰とも話さないで一人席に座っている和田さんが気になった。出向前には熾烈な競争をしていた日電と日立の仲であったので，日立出向者の中では和田さんは居心地が悪いのではないかと心配になった。そこで日立以外の企業からの出向者には秘密情報を入手しても自社に持ち帰らないようお願いし，日立出向者と同様に接することを決めた。江藤さんが日立那珂工場に連絡会に行く時には，小沢日立那珂工場長にありのままで隠し事なしで迎えて欲しいと要望し，工場長も日本国内の会社が共同して世界に向かう国家プロジェクトを理解し快諾していただいた。西さんも移動台の試作を受注した日立中研試作部に何回も出張した。西さんの人柄もあって試作部の人達は西さんを日立の従業員と勘違いする人もいた。私は日立中央研究所の違う部門の人と神田にあったテープレコーダ研究会で親しかった。彼は電子線を使った検査装置についてアイデアがあるが，その担当では全くないのでそれを実現してくれる人を求めていた。和田さんをその日立仲間に近づけるため，彼に和田さんを紹介することを計画し，和田さんとは日立中研研究室で面会した。その人がどんなアイデアを和田さんに授けたのかは覚えていないし，和田さんがそれを共同研究所でどのように扱ったか知らないが，和田さんと日立研究所の間の心理的壁がなくなったと思っている。いずれにしても和田さんは超 LSI 研第一研究室で熱心に

研究し，私の世話で名古屋大学から工学博士の学位を授与された。ちなみに保坂純男さんも超 LSI 共同研究所出向終了後に工学博士の学位を取得した。

その他，根橋専務主催の所内の飲み会や，夕方，日電中研主催の夏の盆踊りに参加したり，休日に東芝の野球場で研究室対抗の野球をした。その結果，各出向者が持つ各社の壁が薄くなった。その他のレクレーションでは超 LSI 研究所に同居していた組合の事務局の人も含めて駿河と甲州のバス旅行，塩原・奥日光の一泊バス旅行，みかん狩りなどをした。また根橋正人専務を中心としたゴルフコンペなどもあった。さらに超 LSI 共同研究組合解散後は「超 LSI 共同研同窓会」を，事務局の人も含めて解散以来今日まで毎年 1 回行っている。

3.1.2　ナノメートル電子描画技術の開発

微細パターン形成技術の開発は主に電子線描画技術の開発であった。前述のように電子線描画技術は第一研究室，第二研究室，第三研究室と 3 研究室で行うこととなった。その中で当研究室はサブミクロン以下のナノメートル級の電子線描画技術の開発を受け持った。これを実現するため，電子銃の選定，電子光学系の設計，描画方式の選定などを行った。前者は開発されたばかりの冷陰極電界放射型電子顕微鏡で使用された冷陰極電界放射（C-FE）電子銃を選定した。この電子銃はエネルギー幅が小さく，色収差が小さいのが特徴である。引き出される電子のエネルギー幅は LaB_6 電子銃やフィラメント電子銃に比べて約 1 桁近く小さく，0.2〜0.3eV である。さらに，エミッション面積も原子オーダであり，プローブ径を小さくできることが期待された。電子光学系は図 3.1 のような構成をしている。タングステン W（311）先端から放出される電子ビーム径を拡大電子光学系で拡大して，ナノメートル

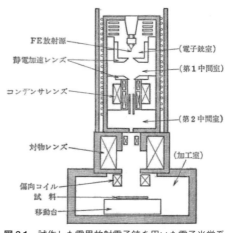

図 3.1　試作した電界放射電子銃を用いた電子光学系

オーダのビーム径で大きなプローブ電流を得ることが目標であった。このように ガウシアン分布の電子ビームを使うため，偏向器にはベクター走査によるパターン形成とポスト偏向コイルを用いた大角偏向方式を採用した。また，制御系はナノメートルプローブのためアドレス分解能はナノメートル以下が指定できる 18 ビットを使用し，偏向量 2mm の仕様にも対応できるものとした。このため，制御系内の描画データも 18 ビットで統一した。この時の問題は高速高精度な DAC（Digital Analogue Convertor）をいかに手に入れるかである。当時は高価で，入手不可ということで試作を行った。この試作は日立中央研究所の全面的な協力を得て行った。以上のように，ナノプローブで描画することは電子光学系のみならず制御系の開発にも大変な能力と人手が必要であった。

（1）　電子銃と電子光学系

電子銃と電子光学系の開発は非常に困難を伴った。電子銃は超高真空が必要であった。電界放射電子銃はヘヤピン型フィラメントの先端に W チップを溶接したものを基礎に製作した。溶接した W チップを電解研磨したものを用いて，電界放射電子銃チップを製作した。イオンポンプ排気や外部加熱や内部加熱により 10^{-10}Torr オーダの超高真空を実現した。その後，チップに電圧印加して電子ビームを引き出すのであるが，最初は数百ボルトでビームが取り出せるが，チップが尖っており，電子放出が不安定でチップ先端が吹っ飛んでしまうことが度々起きた。これは電子放出に伴い，電子衝撃を受けた物質表面からいろいろな分子が飛び出し，高電界が発生しているチップ先端に付着し，表面のワークファンクションを下げるため，急激に大量の電子が放出される。これを防止するため，尖鋭化した採針先端の丸め作業を行う。チップはヘヤピンフィラメントの先端に溶接されているので，フィラメントに電流を流すことによりチップ先端を加熱して付着分子などを放出し，チップ表面はクリーンとなる。この熱で先端は徐々に丸目をおびていく。この作業をフラッシングと呼ぶ。この作業は先端を加熱するので，先端に付いたガスやコンタミネーションを吹き飛ばす洗浄作用もある。実験では電界放射のための電界印加による電界放射とその際の電圧を監視し，低ければフラッシング作業を行い，また電界放射による電圧監視を行う。それでも低ければこの作業を何回か繰り返す。この作業

を何回か行った結果，約 5kV 印加で電界放射が行われるようになる。電子ビームが放出されると電子ビーム軸と電子光学系の光学軸とを一致させる。この技術は電界放射型電子顕微鏡分野でも電子光学系が開発されて日が浅いため，世の中に公開されておらず，光軸調整には大変苦労した。光学系は電子銃から試料に向かって，静電レンズ（バトラーレンズ），コンデンサーレンズ（電磁レンズ），対物レンズ（電磁レンズ），電磁偏向器（ポストデフレクションタイプ）があり，それらの間にアライナー，スチグマー，静電ブランカーや可変絞りなどが設置されている。四苦八苦の末，基本的には電子ビームを試料上に入射させ，電子ビーム軸を調整・固定化し，この軸にレンズやアライナー，スチグマーや偏向器を SEM（Scanning Electron Microscopy）像を見ながら調整した。

(2) 描画制御システム

この調整後，描画制御系の検討を行った。この装置の全体システムを図 3.2 に示す。描画方式は色々なパターン形成方法があるが，ここではナノ電子ビームおよび 2mm 角のビーム偏向方式（大角偏向方式）を採用しているため，ベクター描画方式を採用した。この場合，2mm をナノメートル以下のアドレス分解能でデジタル化する必要があり，位置データを 18 ビット表現とした。こ

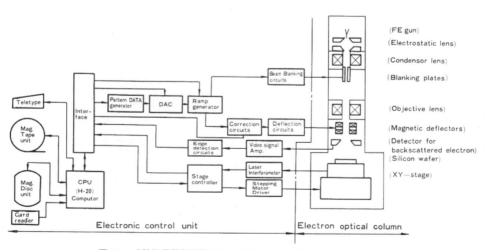

図 3.2　冷陰極電界放射電子銃を搭載した電子線描画装置の全体図 [1]

の場合，18ビットをアナログ値に変換する際に，セットリング時間や直線性が問題となる．汎用の素子（DAC）では実現できないことが分かったので，補償型 DAC を試作した．これは，高速の 16 ビット DAC を使用し，その直線性を入力補正により 18 ビット高速高精度 DAC を実現した．なお，残り 2 ビットは下位ビットに 2 ビット回路を追加した．その他，電磁偏向器により 2mm 偏向角という大偏向のため，偏向器はバレルやピンクッション収差が存在する．これを回路で修正する補正回路も組み入れ調整した．

(3) 電子光学系の基本特性

電子光学系の基本特性である電子ビーム電流と電子ビームスポット径を図 3.3 に示す．図には同じ条件で得られた LaB_6 電子銃のデータと比較して示した．冷陰極電界放射電子銃を用いると，LaB_6 電子銃よりスポット径 0.1μm でのプローブ電流が約 1 桁多く得られることが分かる．次に，偏向器の収差補正はこのような微細ビームを用いて，標準試料上のマークをレーザ測長付き移動機構によるマーク移動とマーク検出でその誤差を検出し，これを制御回路で補正して実行した．その後，描画データによるビーム偏向およびブランキングにより

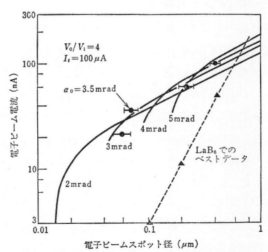

図 3.3　本試作電子光学系で得られる電子ビーム電流とスポット径の特性

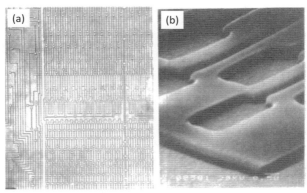

図 3.4 0.5μm 厚の PMMA ポジレジスト上に描画した縮小 16kbit の Al 配線パターン像（SEM 像）；(a) 全体像の一部，(b) 拡大像（最小線幅 250nm）[1]

描画を行った。試料はシリコンウェーハに PMMA ポジレジストを約 500nm 塗布したものを使用した。最小線幅は約 250nm のラインが形成できた（図 3.4）。このようにして微細パターンが描画できる電子線描画装置が完成した。

3.1.3 共同研解散後の各研究員の活躍

共同研究所解散後，右高室長は出向元の日立中央研究所に戻り，半導体 LSI の研究，その後，豊田工業大学の教授として新しいクリーンルームの立ち上げから，TNT 素子の研究を行い，多くの学生を指導した。大学退職後は高温 IC 開発のプロジェクト構想があったが，なかなか実現しなかった。専門書は数冊出版した。市橋研究員も日立中央研究所に戻り，透過型電子顕微鏡の開発に従事し，その後，日立製作所那珂事業所に異動し，超高圧電子顕微鏡の開発に従事した。その後，名古屋大学工学部教授となり，退職後，日立製作所那珂事業所で再度，透過型電子顕微鏡の開発に従事した。早川研究員は日立製作所デバイス開発センターに戻り，リソグラフィー技術を担当した。保坂研究員は日立製作所中央研究所に戻り，共同研究所で培われた電子描画装置を基礎に，レーザビーム描画装置の開発を行い，その後，微細パターンの 3 次元計測に適するプローブ顕微鏡の研究に従事し，SEM との融合装置の開発や光てこ方式の原

子間力顕微鏡の原理特許の取得などナノテクノロジーの研究を行った。

3.2 その後の電子線描画技術の展開

第一研究室　保坂純男（日立製作所出身）

日立中央研究所の最後の務めは回転型電子線描画装置のプロジェクトであった。これは試料台を回転して，パターンドメディアのドットパターンの描画だが，共同研究所の描画技術が随分役に立った。この研究ではナノメートルオーダの電子線描画のため近接効果に随分悩まされた。その後，日立建機転属を経て，群馬大学工学部電気電子工学科教授となり，研究テーマの一つとして微細パターン形成を研究テーマとして取り上げ，研究活動を継続した。約13年群馬大学に奉職したが，約10年間，電子線描画技術の研究を行った。この中では共同研究所で培われた電子線描画技術をベースとしてナノメートルパターン形成技術の開発へと発展することができた。以下に，どのような技術継承ができたか述べる。

3.2.1 熱電界放射（Thermal FE）電子銃

電子銃は共同研究所では冷陰極型電界放射（C-FE）電子銃だったが時間と共にビーム電流が変動する欠点があった。ビーム電流は徐々に減少する特性や電界放射ノイズの増加があり，高精度描画では影響が出てしまう。これらを解消するためには，熱電界放射（Thermal FE, TFE）電子銃とすることにより，安定でノイズの少ないビームが得られる。これは，共同研究所の解散から近い時点で電子線測長機（CD-SEM）に採用され，測長機の性能を飛躍的に向上し，現状技術として君臨している。また，走査型電子顕微鏡にも採用された。電子光学系は共同研での実験により拡大系ではなく，縮小系を採用することが良好であることが分かった。これは，電子放射点が動いた時，拡大系ではこの動きが拡大されてしまい，ビーム位置のドリフトが顕著となり，高精度化の際に問題となるからである。また，ビームブランカーでの駆動電圧のグランドレベルがわずかの変動でも大きく変動することも，共同研究所の研究で明らかになっ

ていた。この結果,電子光学系は電子顕微鏡と同じ形態を取ることがベストであることが分かった。したがって,大学の研究では,TFE電子銃を用いた電子顕微鏡を改造したものを使用した[3]。

3.2.2 微細パターン形成の最適化

近接効果を克服するためには一般的に電子の高加速化をするが,ここではコスト面の問題もあり30keVの描画装置を用いて,レジストの薄膜化により近接効果を和らげた。これまで,微細パターン形成ではポジレジストが適していると言われていたが,ナノメートル描画にはネガレジストが適していることを明らかにした。ポジレジストは電子線衝撃で元々大きな分子を分解して細かい分子にして溶解スピードを上げ,現像により電子照射部分を取り除きホール状の微細パターンを形成する方式のレジストである。小さなドットでは現像液が表面張力のため溶液が入っていかなく,大きなパターンでなければ溶解液が入らなく,ナノメートルパターンが形成できない。一方,ネガレジストは分子量が小さく,電子線が当たらない部分は分子が小さいため溶解速度が速く,電子線が照射した部分は分子が融合し大きな分子に変わる。現像液に浸すと分子が大きくなったところが残り,分子量が小さいところから溶解され,微細パターンが形成される。

図3.5にポジレジスト,ZEP520およびネガレジスト,カレクサレンレジス

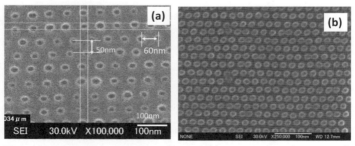

図3.5 (a) ポジレジストZEP520を用いた最密ホールパターン(180mC/cm^2, 30kV),(b) 30keV-EB描画によるネガレジスト(カレクサレン)ドットパターン(ドット径:15nm,ピッチ;25nm×25nm,40mC/cm^2)

3.2 その後の電子線描画技術の展開　83

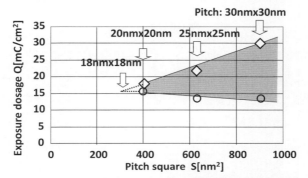

図 3.6 カレクサレンネガレジストを用いた電子線描画において最密ドットパターンが形成できるパターン領域特性（露光量とドット形成領域（ピッチの2乗），◇；上限値，○；下限値

トを用いた時の描画パターンを示す。図のようにネガレジストは 20nm×20nm ピッチで 15nm ドット列が形成できている[2]。一方，ポジレジストでは 60nm×50nm ピッチで 20nm ホール列が形成されている。この場合，ピット径を縮小することが難しかった。ネガレジストでどこまで形成できるか調べると，図 3.6 のようなグラフを得ることができ，現状の描画条件では 18nm×18nm ピッチが究極ではないかと予測できる。これよりさらなる微小化にはもっと電子の高加速化が必要である。

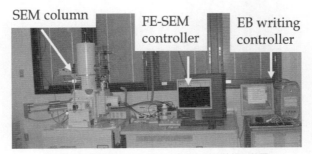

図 3.7 大学教員時代の研究に用いた電子線描画装置

3.2.3 ナノメートルパターン形成技術

今回，使用した電子線描画装置は，熱陰極型電界放射電子銃を用いた電子顕微鏡を基礎にした電子線描画装置を用いてナノメートルパターン形成技術を研究した．図3.7に装置の概要を示す．電子線描画ではSEM機能を活かし，ビームスポットを超微細に絞り，描画を行った．例えば，描画前のビームスポットを絞るために試料上のコンタミ粒子にフォーカスし，約50万倍に拡大してビーム調整をした．また，Z方向への試料の傾きを考慮してできるだけフォーカス

図3.8 電子線描画装置を用いてカレクサレンネガレジストに描画したナノメートルパターン，加速電圧：30kV，露光量：16mC/cm^2；(a) ピッチ 20nm×20nm，(b) 25nm×25nm，(c) 30nm×30nm and (d) 40nm×40nm[2]

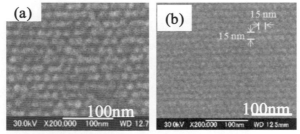

図3.9 レジスト現像法の改良によるナノパターンの形成；(a) カレクサレンネガレジスト使用時，ピッチ 17nm×17nm，(b) HSQネガレジスト使用時，ピッチ 15nm×15nm

調整位置に近い描画領域に描画を行うような実験方法を採用した。このように描画することにより，40nm×40nm ピッチのパターンから 15nm×15nm ピッチのパターンを描画することができた。図 3.8，3.9 にそれらのパターンを示す。しかし，15nm×15nm ピッチ以下のパターン形成は困難であった。ナノメートル台のパターンを形成するためには，別の手段で描画することが必要である。

3.2.4　ブロックコーポリマーによる自己組織化法

そこで，10nm×10nm 以下のナノドット列を形成するため，ブロックコーポリマーによる自己組織化現象を利用したパターン形成法を研究した。これを以下に紹介する。

使用ブロックコーポリマーは PS-PDMS（poly-styrene-polydimethylsiloxane）である。分子量はドットの大きさにより可変することができ，5nm ドット径を作ろうとすると，PS と PDMS の分子量をそれぞれ 7k と 1.5k のものを選定する必要があった。ブロックコーポリマーは PS 分子と PDMS 分子がそれぞれ共有結合で結ばれていて，同じ分子同士が結合する性質を持っている。PS と PDMS の分子量比率を上手く選ぶことによりドットが形成される。上記の比率では真ん中に小さい分子量の PDMS が集まり，PDMS のドットが形成され，その周辺に PS 分子が来るように形成される。

実際のパターン形成のためには，ドットの配列を意図したように配列することが必要である。それにはガイドパターンの形成が必要となる。ガイドパターンはラインとドットが考えられる。ドットパターンを考える時，レジストドット径は PDMS ドットサイズと同じサイズが必要である。上記の 7k − 1.5k の分子量の場合，ドットサイズは 7nm 前後となり，このドットパターンが必要である[4]。このサイズは我々の持つ描画装置で実現するのが無理であり，ラインパターンをガイドとする自己組織化法を選択した。ライン幅は自己組織化のサイズに関係なく，ライン幅が問題となる。究極的にはラインのエッジラフネスが問題となりこの改善が必要であった。

86   3 微細電子線描画・検査技術とその変遷

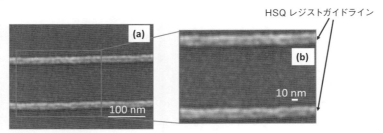

図 3.10 HSQ ネガレジストガイドラインによる PDMS ドット配列の形成，ドット径 7nm，ピッチ 12nm，PS-PDMS 分子量 7k-1.5k，(a) ガイドライン内に 9 ライン，(b) ガイドライン内に 10 ライン形成

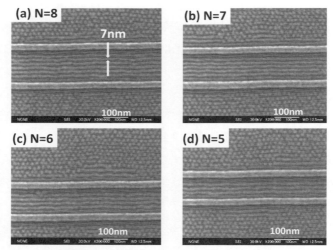

図 3.11 電子線描画により形成した HSQ ネガレジストガイドパターンによる PS-PDMS の自己組織化による微細ラインの形成，PS-PDMS 分子量 11.7k-2.9k を用い，ガイドライン間に形成したライン配列，(a) 135.5nm ギャップ内に 8 ライン，(b) 112.8nm ギャップ内に 7 ライン，(c) 103.4nm ギャップ内に 6 ライン，(d) 84.8nm ギャップ内に 5 ライン

3.2.5 ガイドラインの高精度電子描画とナノパターン形成

　ガイドライン間にドット列を形成する場合，ドット列ピッチを単位として列数が決定される。上記の分子量ではピッチが約 12nm となり，ガイドライン間の誤差はその半分の値（6nm）以下に制御する必要がある。ガイドライン間隔

に必要な要素は，描画装置のアドレス分解能，レジストのエッジラフネスなど非常に重要となる。ここでは電子線描画レジストとしてPDMSと同じ成分を持つシリコン系のHSQネガティブレジストを使用した。ラインエッジラフネスを改善するため，NaCl含有の現像液を使用した。これによりガイドライン間に多くのドットラインを配列することが可能となり，図3.10のようなドット配列を作成することができた。

さらに，これをラインアンドスペース形成に応用した。これまでは2次元制御の自己組織化であるが，これを3次元に拡張することで可能となる。このためにはガイドラインのエッジを先鋭化および垂直化することで可能となる。図3.11に一例を示す。ピッチ12nmでライン幅7nmのラインアンドスペースパターンを形成することができた[5]。

以上のように，共同研究所で培われた描画技術は脈々と現在の最先端のナノメートルサイズのパターン形成に寄与し，基盤技術となる。これからのパターン形成においても電子線描画技術がナノメートルパターン形成技術の基礎となり，その技術の発展に貢献できると考えられる。

3.3　EB（Electron Beam）マスク検査装置の開発とその後

第一研究室　久本泰秀（日立製作所出身）

図 3.12　1966年頃に欧州へ輸出した有機化合物を分析するRMU-6型質量分析計

3.3.1　1960年代後半のMS（質量分析計）需要の世界的状況

　私が北大理学部物理学科を卒業して，日立製作所那珂工場理化学機器設計部に配属されたのは1963年のことである．その部署はTEM（透過型電子顕微鏡），SEM（走査型電子顕微鏡），MS（質量分析計），NMR（核磁気共鳴装置）を担当しており，その中でMSの設計，開発がとりあえず私の仕事となった．当時はPE（パーキンエルマー社）が，日立製品を海外に売り出してくれていて，米国やヨーロッパに出張する社員も多く，部内は活気に満ちていた．

　1966年になると私にも順番が回ってきた．スイス・チューリッヒに駐在しヨーロッパに輸出されたMS（RMU-6型）（図3.12）の据え付けと現地サービスマンの養成をせよとの命令であった．MSの据え付けは，真空（10-5パスカル），ガラス細工，350kgの磁石設置，調整など平均2週間はかかるのだが，チューリッヒ工科大学，ドイツのボッシュ（電気会社），レムッツマ（タバコ会社），イタリアのミラノ大学，ベルギーのブラッセル自由大学，イギリス，デンマークの国立研究所などヨーロッパの先端企業・研究所からの要請は引きも切らず，年間50回も国をまたいで飛び回ることとなった．スイス人，イギリス人，デンマーク人，イタリア人のPEサービスマンに対する据え付けの指導もほぼOJTで行っていた．

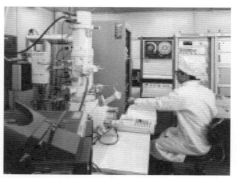

図3.13　1979年頃のEBマスク検査装置（EB描画装置と外観同じ）
正面のCPUにMTシステム，ソフトはアセンブラ

3.3 EB (Electron Beam) マスク検査装置の開発とその後

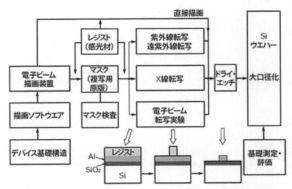

図 3.14 共同研究所で開発された主な内容とマスク検査装置の位置付け

その後は GC-MS 開発，ミャンマー，インド出張なども経験し，1976 年には本社計測器事業部で SEM, TEM, MS, NMR などの事業取りまとめ担当となっていた．

3.3.2 超 LSI 共同研究所での開発経緯

その頃，超 LSI 研究組合共同研究所への出向の話があり，EB マスク検査装置開発のためと聞いてすぐにお引き受けした．超 LSI のマスク検査プロジェクトは，水上（日立武蔵工場デバイス開発センター，東大物理），和田（NEC，九大電気），私の 3 名と協力スタッフでスタートした．今回の執筆にあたって，古い書き物などを随分探したのだが，残念ながら当時の資料はもう残っていなかった．ともあれ膨大な概念設計の発注資料をまとめ，ハードの製作は日立那珂工場に，方式ソフトは日立ソフトウェアエンジニアリング（日立の系列会社）に発注した．懐かしく思い出されるエピソードとしては，ソフト会社のエンジニアに何人か来てもらい，どういうものを作りたいかということについての資料の追加説明に多大の時間を要したことが挙げられよう．進行には多くの紆余曲折もあったが，我々の考えた測長方式で 5 インチのマスク検査システムが動き始めると，データが出始めた（図 3.13）．改良を繰り返し，最終的には結果を応用物理学会と電子通信学会に発表・報告することができた（図 3.14）．

3.3.3　超 LSI 共同研終了後

　超 LSI 共同研終了後の 1980 年に日立那珂工場へ戻ったが，那珂工場にはマスク検査装置の受発注はなかった。次の仕事は NMR-CT 開発となり，また新しいプロジェクト推進に注力することになった。NMR-CT はその後 MRI（Magnetic Resonance Imaging）と改名され，病院など医療機関に普及したのはご存じの通りであろう。私は MRI 推進派の一人であり，当時景気のよかった日立から億の予算を引き出して，MRI 用の常電導磁石と超電導磁石を英国オックスフォード社から購入し，お茶の水にある東京日立病院看護婦寮の地下に入れたのが最初であった。ソフトは NMR 信号処理に明るい日立中央研究所の山本主任研究員に依頼したが，磁石の設置は作業者を使って私一人で行った。那珂工場側は当初我々の作業を横目で見ながら，それが MRI として機能し始めるまでは協力もせず勉強にも来ないというかなり「消極的な対応」だったことが思い出される。私と宮島主任技師の提案した永久磁石形 MRI は日立メディコのヒット製品となり，今では富士フィルムの製品となっている。

図 3.15　2006 年頃の日立 CD-SEM 装置と市場状況

図 3.16 2024 年，日立高分解能 FEB 測長装置（CD-SEM）CS4800 は 4，6，8 インチのウェーハサイズに対応した測長 SEM である。最先端の計測技術を搭載することにより，二次電子分解能および計測再現精度が向上している。また計測オペレーションを自動化することで，顧客の既存ラインの生産性向上に寄与できる。さらに，簡易な切替え作業により，最大 2 種類のウェーハサイズの自動搬送が可能であるとともに，炭化ケイ素（SiC）や窒素ガリウム（GaN）などさまざまな材質に対応し，多品種量産の半導体デバイス生産に貢献可能。

3.3.4 その後の EB 検査装置の市場動向

　1981～82 年になって，日立武蔵工場デバイス開発センターから那珂工場に装置の発注があって製品としての製作が始まった。するとこれまでニコンやキヤノンの光学方式のマスク，ウェーハ検査を行っていた会社，部門がこぞって EB 検査装置を導入するようになり，1990 年代はブームのような状態になった。当時日立が使っていた装置名は「CD-SEM」（測長 SEM：Critical Dimension Scanning Electron Microscope）（図 3.15）と呼ばれていた。これは，LSI のパターン寸法測定に専用化した走査型電子顕微鏡の意である。那珂工場には，マスク検査からウェーハ直接検査に対応した FE（Field Emission）電子銃による低加速 SEM の技術があったため，市場に受け入れられたものと思われる。

　2006 年には何億円もする装置が 3,000 台も出荷されたというのも驚きだが，2023 年には CD-SEM のために別工場を建てて増産を図っているというから時代も進んだものだ（図 3.16）。聞くところによると，日立ハイテクの関連売上は，2,082 億円（2023 年）となっており，日立の世界シェアは 7～8 割，輸出比率も 7～8 割とのことだが，今後どうなっていくのかは気になるところである。

今になってみると，超LSI共同研究所の試作1号機は日立ハイテク社那珂工場のビジネスの成功をお膳立てする端緒となったという意味でその成果は大きかったと思う。しかし，最近のCD-SEMに関わっている人々にとっては「そんな昔の話？」ということになるのだろう。彼らは1980年以降に生まれた世代なのだから。

参 考 文 献

1) S. Hosaka, M. Ichihashi, H. Hayakawa, S. Nishi, and M. Migitaka：Fabrication of submicron pattern with an EB lithographic system using a field emission（FE）electron gun, *Jpn. J. Appl. Phys.* **21**, pp.543-549（1982.3）.

2) Sumio Hosaka, Zulfakri Mohamad, Masumi Shirai, Hirotaka Sano, You Yin, Akihira Miyachi, Hayato Sone："Extremely small proximity effect in 30 keV electron beam drawing with thin calixarene resist for 20x20 nm2 pitch dot arrays", *Appl. Phys. Express*, **1**, 027003-1-3（2008）.

3) Sumio Hosaka, Yasunari Tanaka, Masumi Shirai, Zulfakri Mohamad, and You Yin："Possibility of forming 18-nm-pitch ultrahigh density fine dot arrays for 2 Tbit/in.^{2} patterned media using 30-keV electron beam lithography", Jpn. *J. Appl. Phys.* **49**, 046503 1-3（2010）.

4) Hosaka, Sumio;Akahane, Takashi;Huda, Miftakhul;Zhang, Hui;Yin, You：Controlling of 6-nm-sized and 10-nm-pitched dot arrays ordered along narrow guide lines using PS-PDMS self-assembly, *ACS Applied Materials Interface*, **6**, 6208-6211（2014）.

5) Sumio Hosaka, Hui Zhang, You Yin, Hayato Sone：Formation of 7-nm-wide Line&Spaces in Half Pitch by 3 Dimensional Self-assembly of Nano-dots Using Sphere Type PS-PDMS, *European Journal of Applied Physics* **3**（6）84-90（2021）.

# 4 可変成形ビームベクタースキャン型電子ビーム描画装置

垂井康夫（第二研究室の代筆）

4.1 共同研究所の発表第 1 号

　この装置は共同研第二研究室の成果であるが，この発表が共同研としての発表第 1 号であり，共同研のスタートが 1976（昭和 51）年 4 月とすると，その1 年 1 か月後の 1977（昭和 52）年 5 月の発表であった。共同研ができて以来，米国では日本では国費で超 LSI をやっているらしいということで，何をやっているかに注目し始めていた頃であったが，極めてスマートで分かりやすい発表であったため，米国内での興味と反発を一層強めた発表だったと思う。

4.2 どのように任意の矩形の電子ビームを得るか

　この描画装置のアイデアは理研の後藤英一東大教授の特許によるもので，そのアイデアは極めて分かりやすい。すなわち。図 4.1 に示すように 2 つの正方形の穴を持つ 2 枚の金属板の相互の位置をずらすことによって任意の矩形の穴が作れるという原理である。その後，富士通によって追加の特許が出され，日本電子による電子ビーム描画のコラムなどの納入によって共同研において組み立てられたものである。描画装置においては，2 枚の金属板は離され，その間に電子ビームを偏向することによって，任意の位置ずらしを行うものである。その原理は図 4.2 に示したとおりで，通常の電磁レンズのほかに 2 つの角型の

4 可変成型ビームベクタースキャン型電子ビーム描画装置

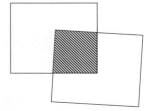

図 4.1 四角い孔が空いた2枚の金属板を重ねて、ずらしていくと、任意の矩形の孔が得られる

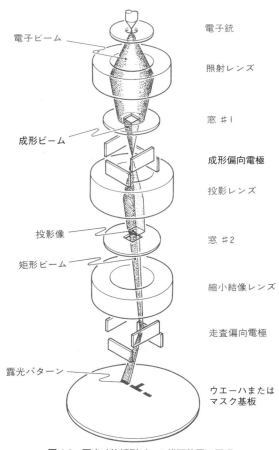

図 4.2 可変寸法矩形ビーム描画装置の原理

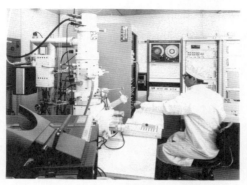

図 4.3 可変寸法矩形ビーム方式による電子ビーム描画装置

窓を設けている。電子ビームは第1の窓で周辺の不要部を切り落として正方形に成形される。次にその像を偏向電極により第2の窓に偏芯して投影することにより不要の部分を切り落とし，任意の寸法の矩形部分が得られる。この方式の最大の特徴は，これら矩形内をスポット状電子ビームによっていちいち塗りつぶしをする必要がなく，矩形内のビーム濃度も一定に保たれる点である。

この成形ビームを結像レンズを通して縮小してから，走査偏向電極によってウェーハ面に縮小投影することにより，パターンの露光を行う。実際のパターンは基本的に，種々の寸法の矩形により構成されている。図4.3は可変寸法矩形ビーム方式による描画装置である。

4.3 代表的メモリのパターン例

例えば代表的なメモリの基本回路は12箇の矩形によって構成されている。これを従来の露光方式によって描画する場合，4,400スポットの露光が必要であるが，この可変寸法ビーム方式を用いるとわずか12回の露光で済むこととなり，画期的な高速描画が可能となる。図4.4はVL-S1による露光パターン例で，継ぎ目が目立つことなくパターンが形成されていることが分かる。

図に見られるパターンは，矩形ビームを用いることによりわずか60回の露光によって得られたものである。これを従来方式で行うとすると，何と50,000

96　4　可変成型ビームベクタースキャン型電子ビーム描画装置

図 4.4　可変寸法矩形ビーム方式による露光パターン例

回の露光が必要となる。

4.4　大口径ウェーハ，2.5 億パターンの 2 号機

これらの VL-S1 による実験を基にして，VL-S2 が試作された。図 4.5 に示される VL-S2 は 100mm 径ウェーハ全面に超 LSI チップが描画可能なデータ処理能力を持っている。超 LSI は 500 万パターン/チップ，2.5 億パターン/100mm 径を想定している。可変成形ビーム寸法は 2.5〜5μm，描画速度は超 LSI チップ 100mm 径全面描画で 9〜15 分の高速である。図 4.6 は描画パターンの一部拡大写真である。

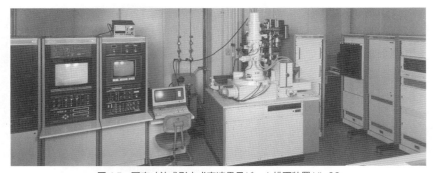

図 4.5　可変寸法成形方式高速電子ビーム描画装置 VL-S2

このシステム構成の概要を図 4.7 に示す。この構成において，描画データの主要な流れは以下のようになる。描画チップデータは，磁気テープによって受け付けられ，磁気デスクに蓄えられる。磁気ディスク描画データは，1チップごとに高速データ転送制御器を経由して，高速で大容量バッファメモリ内に一

（a）チップパターン
　　チップサイズ　約 9.6mm 角
　　矩形パターン数　約 500 万パターン

（b）チップパターンの拡大 SEM 像
　　最小パターンサイズ　1μm

図 4.6　VL-S2 による超 LSI チップパターンの例

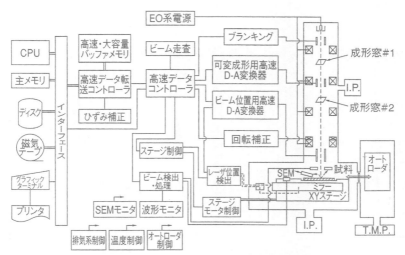

図 4.7　可変成形ビームベクタースキャン型描画装置（VL-S2）の構成

時蓄えられる。

　この時，1つの矩形データは記憶装置内で一語の対応で蓄えられる。描画開始信号と共に本バッファメモリから高速転送サイクルで語転送がなされる。あらかじめ測定されたフィールド偏向ひずみデータをもとに，各矩形データはひずみ補正を受け，高速データ制御器のブロックに転送される。各 D-A 変換機を介して偏向電圧が入力された後，ブランキング信号が削除されて，電子ビームが鏡筒内を通過し，XY 移動台上の試料面に露光が行われる。

　本装置は共同研が目標性能や仕様を定め，基本設計を行った。装置の詳細設計と試作は日本電子が主担当となって実施し，高速バッファメモリは富士通の指導の元，富士通電気化学が担当し，共同研第二研究室（中村正室長）において完成された。その後，本装置は日本電子から発売されている。なお，本装置の改良型の 2005 年の世界シェアは 40.6% であった。

4.5　アドバンテスト社による生産装置化

　一方，富士通での技術はその後アドバンテスト社に移され，最小線幅 20nm，位置精度 10nm の性能をもつ直接描画装置 F7000S として売り出された。

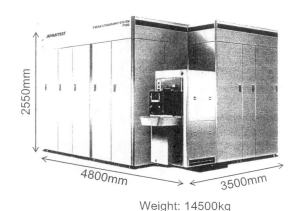

図 4.8　アドバンテスト社による線幅 20nm，位置精度 10nm の装置（EB Direct Writer F7000S）

図 4.8 に示したように生産装置らしい外観である。この装置は東京大学，京都大学，電総研，IMEC その他多数に納入したが，現在はその役目を終え生産中止になっている。

　本稿は第二研究室の方が書くのが正当であるが，近くに住む甲斐潤一氏によれば中村室長，船山亨氏が亡くなってから書く人がいないということなので，垂井が執筆し，甲斐さんに見ていただいた。

5 汎用型電子線描画技術とその周辺技術の開発

5.1 電子ビームマスク描画装置の開発

第三研究室　佐野俊一（東芝出身）

5.1.1 共同研設立まで

　半導体デバイスは 1948 年に米国のベル研究所でトランジスタの発明，試作に成功して以来，多種多様な半導体デバイスが生まれてきた。中でも，多数のトランジスタで構成された電子回路をシリコンウェーハ上に形成した LSI はその主要部品であるトランジスタを微細化することで，LSI のトランジスタ数，集積度を高めてきた。その高集積化は数年間隔で指数関数的に増加し，今日に至るまでの LSI を用いた各種デジタルシステムの進歩・発展の礎になってきた。

　インテルの創始者の一人であるムーア（G. Moore）は 1965 年に LSI の素子，トランジスタの集積度が 2 年で 2 倍になるとの予測を発表した。実際に LSI の素子数は 1970 年代の 10^3 台から 2020 年には 10^9 台へと 100 万倍に増加した。この将来予測はムーアの法則として広く知られている。この素子数の指数関数的増加は回路素子を微細化することで LSI のサイズを広げることなく実現した。そのために回路パターンの微細加工システムとプロセスに加えて，基板材料である Si 単結晶の大口径化，高純度化，LSI の設計支援システム，LSI のテストシステムなどが並行して開発されてきた。

　共同研閉所以降も各所で種々の開発が継続して進められたことで，微細化はLSI の製造コストを大幅に上げることなく素子数を飛躍的に増加することができた。加えて LSI の微細化はその動作速度の向上，消費電力の低減も実現した。

102   5 汎用型電子線描画技術とその周辺技術の開発

その結果，記憶素子としての DRAM や論理素子としての CPU などの LSI を中心に性能・機能が飛躍的に向上した。このことは 2000 年代になって，さらに大きく進展し，社会のデジタル化，IT 化を実現するシステムのハードウエアを構成する主要な部品として，社会のデジタル化の発展に大きく寄与してきた。

日本ではこの LSI の黎明期だったほぼ半世紀前の 1976 年から 80 年までの 4 年間，国家プロジェクトの下で時限的に設立された「超 LSI 共同研究所」で，LSI が発展するために不可欠な基礎的・共通的技術の研究開発が進められた。

5.1.2　共同研で開発した電子ビーム描画装置

当時の LSI は素子数，トランジスタ数は 10^4 程度，回路パターンの線幅は数 μm 程度であった。この LSI の回路パターンは光学的に回路パターンを作成した写真乾板のマスクを用い，これを感光剤，レジストを塗布した Si ウェーハに密着露光，現像して Si ウェーハ上にレジストパターンを作成し，これを用いて Si ウェーハを加工していた。

共同研の研究開発の目標は，1980 年代に Si ウェーハ上に最小線幅 $1\mu m$ の微細加工を可能にして，素子数 10^6 の LSI を可能にすることであった。LSI の回路パターンを微細化することで LSI のチップサイズを大きくすることなく，結果として素子数が指数関数的に増加しても，LSI のコスト上昇を抑えることができる。このことは LSI が成長し，発展する条件である。

Si 基板上に LSI の回路パターンを形成する方法は種々提案されていた。共同研第三研究室では，電子ビーム描画装置でマスクを作成し，このマスクを使って投射型露光装置で Si ウェーハ上にレジストパターンを形成するシステムが，技術的にも工業製品として重要な製造コスト的にも優れていると考えていた。第三研究室では，武石善幸室長のこの考えに基づいて，その鍵となる技術開発に注力した。

具体的には，この将来の LSI を実現する上で重要な微細加工技術の鍵となる電子ビームマスク描画装置，投射型露光装置，電子線レジストなどの開発に注力した。この方法は共同研発足以来 50 年，大きく進歩・発展した LSI の主要な製造プロセスとして，現在に至るまで変わらず進歩を続けている。

5.1.3 開発した装置

電子ビームマスク描画装置（VL-R1）の装置開発にあたっては，装置の基本設計仕様の中で，微細化に加えて，高い寸法精度と位置精度，描画速度，長時間の安定性を重視し，詳細設計では具体的な検討と評価を行った。このことはこの描画装置が事業化された後も引き継がれている。

電子ビーム走査で回路パターンを描画する方法にはラスタ走査とベクタ走査があるが，描画速度と精度を確保する観点から，ラスタ走査を選択した。開発した描画装置では電子ビームを静電偏向で一方向への繰り返し走査を行い，直交する方向はマスク基板を搭載したステージの等速連続往復移動を組み合わせでラスタ走査を行う（図5.1）。

電子ビームを高速で偏向走査するために静電偏向を用いた。電子ビームの偏向幅は描画パターン最小線幅により効率的な描画ができるように，62.5μm，125μm，250μmの3モードをもたせた。

直交する方向はマスク基板を搭載したステージを等速の連続移動で往復し，電子ビームの走査方向と同じ方向への移動はステップ移動とした。

ステージの位置はレーザー干渉計で計測し，その計測データをもとに電子ビームを制御している。電子ビームを発生させるカソードには描画速度の高速

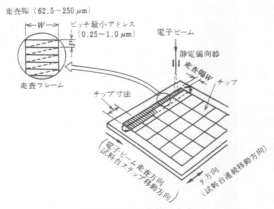

図 5.1 VL-R1 の描画方式

化を実現するために，高い電流密度が得られる単結晶の LaB$_6$ を用いた。

この方式は電子光学系，制御コンピュータ，移動ステージ，電子回路などのハードウエアの進展に伴って，LSI の微細化，高集積化に対応する装置を高速化，高精度化することが可能である。

この描画装置の基本構成を決めるにあたっては，LSI の設計で求められるパターンの線幅精度，位置精度を実現するために，装置を構成する主要部品に対して誤差を配分し，目標の精度を実現した。装置の設計にあたっては各構成要素に対して詳細設計仕様を決めた。加えて真空系，電源，温度制御，防振，磁気シールドなどに対しては長時間安定性の確保を図った。装置のシステムブロックを図 5.2 に示す。

共同研の後半の 2 年間では装置の高速化を図るために，電子ビームの偏向方向と直交する方向に電子ビームの形状が伸縮する可変成形ビームの鏡筒を開発し，これを用いた電子ビーム描画装置の 2 号機（VL-R2）を開発した。

この 2 号機は最小線幅 1μm のパターンの描画速度を 1 号機の 10 倍に高速化することを目標にした。パターンの描画は電子ビームの一方向への偏向走査とマスク基板を搭載したステージの往復連続移動に加えて，ステージの移動方向の電子ビーム長を可変にすることで高速化を図った（図 5.3）。この装置用に開発した可変成形ビームを生成する電子光学鏡筒の構成を図 5.4 に示す。

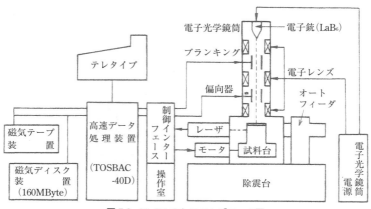

図 5.2 VL-R1 のシステムブロック図

5.1 電子ビームマスク描画装置の開発　　105

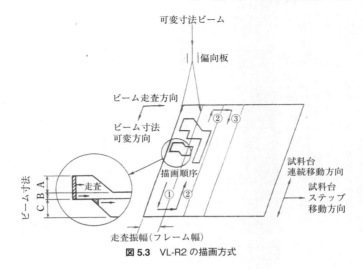

図 5.3 VL-R2 の描画方式

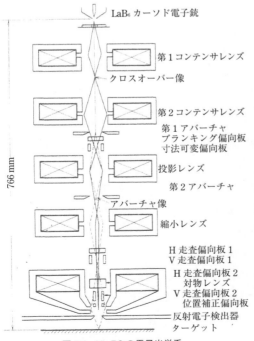

図 5.4 VL-R2 の電子光学系

表 5.1 VL-R2 の装置性能概要

使 用 基 板	4インチウエハ,5インチマスク	
最大描画面積	105mm×124mm	
最 小 線 幅	0.5μm	0.1μm
最小アドレス	0.125μm	0.25μm
走 査 幅	250μm	
描画周波数	30MHz	
最大ビーム寸法	4μm	
ビーム電流密度	50A/cm^2	
加 速 電 圧	20kV	
描画図形精度	0.1μm (σ)	
レジストレーション精度	0.2μm	
最大描画速度	100mm□/12min	
入力データ形式	MANN # 3000	
主 な 機 能	白黒反転,拡大・縮小,ミラー,リサイズ	

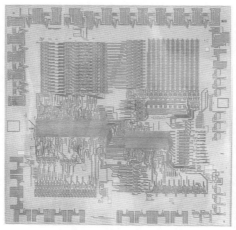 

図 5.5 チップ面積 1mm^2 に収められた最小線幅 1 ミクロンの 16 ビットセントラルプロセッシングユニット（CPU）のパターン描画例

図 5.6 左図パターンの部分拡大図

VL-R2 の性能の概要を表 5.1 に示す。この 2 号機の最高の描画速度は 1 号機の 15 倍が得られている。また，125mm 角のマスクにパターンを描画した時の描画図形の精度は 0.1μm を実現した。この装置で描画したレジストパターンを図 5.5，図 5.6 に示す。

5.1.4　共同研終了後の歩み

共同研で開発した 2 種類の電子ビーム描画装置はマスク製造を目指した装置として，共同研での開発を終了したのち，引き続き東芝の総合研究所で実用化・製品化に向けた研究開発が進められた。共同研での研究開発の成果をもとに，さらに多くの改良を加えた後，東芝機械（株）に移管，製品化された。製品化された初号機は東芝に納入され，同社で生産する LSI のマスクの製造に使用された。

共同研で開発した際の描画装置の設計思想はその後に装置の事業化を担った東芝機械，ニューフレアテクノロジー社，東芝に引き継がれて開発が進められた。このことは電子ビームマスク描画装置が事業として成功する礎の一つになった。ニューフレアテクノロジー社は電子ビーム描画装置という製品だけに

絞った事業に集中するために，東芝機械（株）から分離独立した企業である．電子ビーム描画装置は LSI の進展に伴って微細化が進み，要求仕様も高度化したが，開発した装置の出荷は必ずしも多くなく，事業としては難しい時代であった．

転機は 1990 年代の半ば過ぎに訪れた．共同研が開発を始めた時から 15 年が経過した頃である．この頃になると，LSI の微細化が進み，投射型露光装置の光源の波長以下の解像度が求められた．この解像度を実現するために，マスク描画の際に光近接効果補正を行うことが求められた．マスクパターンの寸法精度を当時の 70nm から 5nm までに向上できれば，100nm 以下の LSI まで使えると予測された．この結果をもとに次世代の電子ビーム描画装置の基本仕様が固められた．

この仕様を満たすために，電子ビームの加速電圧は従来の 20kV から 50kV に上げられて描画パターンの寸法精度を向上させた．また，描画方式は可変成形ビーム，ステージ連続移動，ベクタスキャン方式に変更された．さらに最近はマルチビーム機も製品化されている．この装置の鏡筒の略図を図 5.7 に示す．これらの改良開発の結果，2000 年に入った頃から徐々に描画装置のシェアは上がり，50％を超えるまでになっている．この装置は東芝総合研究所で最初に

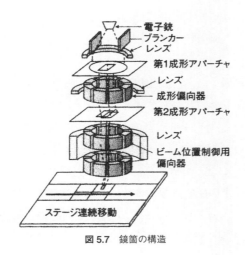

図 5.7　鏡筒の構造

108　5　汎用型電子線描画技術とその周辺技術の開発

試作した装置から数えて 11 代目の装置である。[1]

　一般に新製品の事業化にあたっては，発想から研究開発を経て製品化までには 10 年から 15 年かかるといわれている。電子ビーム描画装置も東芝の総合研究所で研究に着手してから共同研の終了まで 5 年の研究開発期間を経て，その後東芝機械で事業化に向けての開発を行い，事業として軌道に乗るまで 10 年，合計約 15 年が経過した。

　この電子ビーム描画装置は東芝機械から分離独立したニューフレアテクノロジー社が事業を行っていたが，電子ビーム描画装置の専門企業としたことも成功の一因と思われる。

5.1.5　共同研での経験の波及

　1980 年代の初めに東芝社内で電子ビーム描画装置を用いて LSI 用のマスクを内製することになり，各種設備が導入された。しかし，当時製造したマスクの欠陥の有無を検査するマスク検査装置がなく，急遽開発することになった。私はその開発を担当した。この検査装置は光学ラインセンサーでマスクパターンをビーム走査方向で読み取り，ステージ移動方向はセンサーユニットを機械的に移動し，読み取ったデータを描画データと比較することで欠陥を検出する装置である。この装置は研究部門が製作した試作機ではあったが，マスク製造部門の設備として 10 年近く稼働したということである。この検査装置は社内のマスク製造ラインで使用されたが，製品として事業化，外販することはしなかった。

　LSI の開発試作段階では，LSI の回路の動作を測定，検査することが必要で，細い金線で該当する電極に接触して波形を観測するプローバが使われていたが，素子の微細化による高速化・低消費電力化が進み，金線をウェーハ上の LSI の電極にコンタクトする方式では正確な波形を観測することが困難になっていた。従来の金線プローブに変えて電子ビームをプローブにし，測定点からの反射電子を収集して，LSI 上の所定の場所の電圧波形を観測する装置である電子ビームテスタを開発した。この電子ビームテスタは当時の先端的 LSI，1MDRAM の開発期間短縮に大きく貢献した。この装置も社内用だけでとどめ，製品化し

て外販することはなかった。このテスタの開発に対しては，大河内賞をいただいた。

　共同研での2つの電子ビーム描画装置に加えて，東芝に帰任後の2種類の装置の計4種類の装置開発を担当した。もともと液晶などのディスプレイデバイスの研究開発を行っていた私には，得がたい経験をした10年であった。

　1986年から電子機械工業会（EIAJ）のデバイス部門の技術委員会を統括した技術委員長を委嘱された。当時，多くの半導体製品の規格は米国電子工業会（EIA）の規格に従っていたため，日本が将来の半導体デバイスの規格制定をEIAと共同で行おうとEIAとの協議や，LSIの設計支援システム（CAD）の標準化などに係わった。これらの業務に携われたのも，共同研時代に各社から来られた研究者の方々との交流を通して得られた多くの半導体に関する知識，情報のお陰と感謝している。

5.1.6　今後のLSIの発展に向けて

　我が国のLSIを主体とする半導体産業は1980年代にその設計・製造プロセス技術とSi結晶をはじめとする各種の材料や設計システム，製造装置，検査装置の技術革新により，最先端のLSIの事業化に成功し，1990年頃には世界シェアの50％を持つまでに成長した。ところが，その後は徐々にシェアを落とし，現在では20％台まで低下している。

　現在では，最先端のLSIが5nmとされているのに対して国内の製造ラインは40nmと言われているから，今では最先端の超高集積のLSIを製造することができない。数年先には半導体デバイスは最先端の1〜2nmになると言われている。この値はデバイスとしての動作限界に近づいているとも言われている。また，このことはムーアの法則に則った素子数の増加という発展が飽和する可能性もある。この壁を打破するにはこれまでに築いてきた技術の上に，物理学，化学などの科学分野の知見や電子工学，機械工学などの工学の知恵を結集して，新たな技術を創造していかなくてはならない。すでにいくつかの新しいデバイスや技術が提案されていて，イノベーションが期待されている。

110　　5　汎用型電子線描画技術とその周辺技術の開発

　LSI を中心とする半導体産業はその発展過程で多くの創造的技術革新ととも
に，様々なノウハウを蓄積してきた。残念なのは，その発展に尽力し，有形無
形の知的財産を持つ多くの技術者が分散してしまったことである。LSI のよう
に多くの技術進歩を伴いながら産業規模を急速に発展させている産業は他にな
い。創造を担う研究者とノウハウを培った技術者に加えて，新たに参加，挑戦
する研究者，技術者をどれだけ集められるかが，半導体産業再興の鍵になると
思われる。

　工業化が進んだ社会にあっては多種多様な工業製品があるが，nm という微
細な単位で加工され，大量生産される工業製品は半導体デバイスのほかにはな
い。この半導体デバイスに用いられる高純度の材料や製造装置，検査装置で実
現した技術を半導体デバイス以外にも横展開して新しい製品を生み出すことが
できれば，新しい価値を創造できるのではないかと思う。

5.2　ステッパーの開発経緯とその後

第三研究室主任研究員　篠﨑俊昭（東芝出身）

5.2.1　共同研究所に入所するまで

（1）　リソグラフィ技術の変遷

　思い起こせば，学生時代，結晶学を専攻していたため，研究室の中では顕微
鏡に親しんでおり，光学機器メーカーの方々との交流が頻繁にあったことが，
そもそもの始まりであった。

　就職した頃，半導体デバイスの主流はジャンクショントランジスタであった。
その頃のトランジスタは，ゲルマニウム単結晶を用いており，ベースとなるゲ
ルマニウムペレットの表裏に，手作業でエミッタとコレクタとなる小さなイン
ジウムドットを取り付けることによって製造されていた。

　入社してしばらくの間は，それらの半導体デバイスの材料にあたるゲルマニ
ウム単結晶に関する業務に従事していた。時が進んで，MOS トランジスタが
半導体デバイスの主流となったが，それらを製造する際にソース，ドレイン，
ゲート，接続穴（コンタクトホール），電極形状形成等々の各形成工程ごとに

5.2　ステッパーの開発経緯とその後　　111

リソグラフィ技術を用いて形状制御を行うことによって，素子の性能を均一化する手法が一般的に行われていた。

　当時のリソグラフィは，マスクアライナという装置を用いて，フォトレジストを塗布した半導体材料（シリコンウェーハ）の上に，あらかじめ作成しておいたフォトマスクを目合せして密着させ，フォトレジストが感光する光を照射することによって，必要な位置に必要な形状のパターンを写し込んで形成するという方法であった（コンタクト露光）。顕微鏡でパターンを覗き込み，手動で目合わせ操作が行われていた。

　半導体デバイスの製造歩留まりは，製品の製造コストに大きな影響を及ぼす。フォトマスクにゴミや傷がついていたり，フォトマスクとウェーハの間に異物が挟まったりすれば，不良品が作られることになり，歩留まりが低下するのは一目瞭然である。

　そのため，リソグラフィの工程は，空気中の塵埃が介入することがないようにクリーンルームの中で行われるが，コンタクト露光でリソグラフィを行う限り，高い歩留まりを維持するためにはフォトマスクを頻繁に交換せざるを得ない状態であった。

　そのようなわけで，フォトマスクの寿命は非常に短いものであったばかりか，製造するのに非常に手間がかかっていたので，デバイス製造コストにかかるフォトマスク製造コストの比率は多大であった。高精度で低価格のフォトマスクを効率よく製造することが，半導体デバイス製造工程の中での重要な鍵とされるようになったのである。そんな折に社命があり，フォトマスク製造技術開発業務に従事することになった。

　初期のフォトマスク（マスクアライナに用いられるワーキングマスク）は，多くの方々が述べておられる通り，パターンデータを基にカット・アンド・ピール作業を行って作製した数100倍体のアートワークを縮小投影することによってほぼ10倍体のレチクルを作製し，そのレチクルを基に縮小投影し，等倍体のパターンを縦横に配列する機能を備えたフォトリピーターという装置を用いてマスターマスクを作製し，そのマスターマスクを必要な数だけコンタクトコピーするという工程で作られていた。これらの縮小投影・コンタクトコ

ピーなどの撮影工程のすべてに用いられたのは，ガラス板にエマルジョン膜を形成した，いわゆる写真乾板であった。

フォトマスクの製造も，当然クリーンルームの中で行われていたが，どんなに優れたクリーンルームを使用したとしても，コンタクトコピーを行っている限り，無欠陥状態を保持することはほぼ不可能であることが誰の目にも明白であった。

一方，半導体デバイスの小型化・高集積化が進行するにつれて，細かいパターンが密集した巨大なアートワークを作成することが困難になってきた。そんな時に，米国の GCA 社がパターンジェネレーターという装置を開発した。

パターンジェネレーターは精密な寸法制御機構を持った矩形状の開口機構を備えており，その開口の形状・寸法をパターンデータに基づいてコンピュータを用いて変化させ，前に述べたフォトリピーターの動作機構を利用して，写真乾板の指定位置に指定形状・寸法の矩形パターンを縮小投影させることによって，パターンデータからレチクルを直接形成する装置である。

国内外の半導体メーカーもマスクメーカーも，挙ってこの装置を導入することになり，以後，レチクル作成が効率的に出来るようになった。

(2) マスク技術の変遷

時を同じくして，フォトリピーターで作成されるマスターマスクの寸法精度を高め，コンタクトコピーの耐性を高めるため，写真乾板の代わりにクロムマスクが採用されるようになった。

クロムマスクというのは，ガラス基板上にクロム膜でパターンを形成したもので，ガラス基板にクロム膜を蒸着してその表面にフォトレジストを塗布し，フォトリピーターを用いてレチクルパターンを縮小投影し縦横に配列して形成し，フォトレジストパターンを基にクロム膜をエッチングすることによって製作するものである。

クロムマスクの製造技術は，パターンジェネレーターを用いたレチクル製造段階にも採用されるようになり，高精度で耐久性の高いレチクルの製造も可能になった。

その頃，半導体デバイスの量産工程で用いられるマスクアライナも，プロキ

シミティ型，反射投影光学系を用いた等倍投影型へと改良が進められていた。中でも，反射投影光学系を用いた等倍投影型マスクアライナは，フォトマスクとの完全非接触が保てる点で優位性が高く，非常に期待されていた。しかし，開口率 NA に限界があることがネックとなり，短波長化による高解像力化の試みも進められなかったため，十分な性能を発揮するに至らなかった。

（3）　縮小投影型マスクアライナ

　一方，クロムマスク技術開発に従事していた個人的経験から，縮小投影露光技術が，レチクルをそのままデバイスリソグラフィの現場に投入することが可能で，しかも接触による欠陥の発生がないという大きな特徴を備えていることに注目し，極めて有望なマスクアライナ手段になるに違いないと確信していた。そこで，後に超 LSI 共同研究所の第三研究室長になられる武石喜幸所長配下の集積回路研究所に配転された際に，事あるごとに縮小投影型マスクアライナの優位性を鋭意答申していた。

　答申するに先だって，当時の日本の光学機器メーカーが，先端機器への開発能力を十分備えていることを前もって調査しておいた。すなわち，

・g 線まで透過可能な高屈折率硝材の製造技術は十分進歩していたこと
・コンピューターを用いた屈折光学系の設計技術およびその製造技術の高度化が進んでいたこと
・サブミクロンレベルの位置検出・制御技術をもっていたこと

などを認識していた。

　武石所長は私の話に理解を示され，集積回路研究所におけるリソグラフィ技術開発の一環として，縮小投影露光技術の研究開発がスタートした。

　当時投影光学系として，一般に入手可能であった顕微鏡用の対物レンズを用いざるを得ない状況であった。投影面積が狭く不十分だったが，この方式の将来性を確信するのには十分な結果を得ることができた。その頃のフォトリピーターに搭載されていたとされるウルトラマイクロニッコールが欲しくて，喉から手が出るほどであったが，どう手を尽くしても手に入れることができず歯ぎしりしていたことを今でもはっきりと覚えている。

　武石所長は，超 LSI 共同研究所の第三研究室長に就任された際，「電子ビー

ム描画によるレチクルの作成技術」を研究開発の主たる方向としてコンソーシアムと折衝しておられたが，「屈折光学系縮小投影露光技術」を組み入れることにも意欲的な姿勢を示しておられた。

公費を使用して運営され，研究方向が「電子ビーム描画技術」と決まっている超LSI共同研究所において，第三研究室長という要職にありながら，研究の体制から外れた提案をすることになり，原則的に違反行為になるわけなので，「屈折光学系縮小投影露光技術」を共同研究全体の枠組みに嵌めるためには多大なるお骨折りを頂くことになったと聞いている。

ご苦労の末，「屈折光学系を用いた縮小投影露光技術は，電子ビーム描画によるレチクルの作成技術の検証を行うための必要不可欠な技術である」という抜群の理由付けを考案することによって，超LSI共同研究所の企画書中に加えられ，コンソーシアムの了解を取り付けることに成功されたと聞いている[2]。私としては，いくら感謝しても余りある恩恵を感じている次第である。

5.2.2 共同研究所に入所してから

（1） 屈折光学系縮小投影露光装置

超LSI共同研究所第三研究室の一員となって真っ先に取り掛かったことは，開発すべき装置である屈折光学系縮小投影露光装置の目標性能仕様を策定することであった。

ここで，超LSI共同研究所第三研究室が計画した「屈折光学系縮小投影露光装置」がどのような装置であったか，かいつまんで説明しておく。

装置としては，投影露光型自動式マスクアライナに分類される。リソグラフィを行うに当たって，等倍投影型マスクアライナと異なるところは，ウェーハ全面を一括露光するのではなく，レチクルのパターンをパターン範囲ごとに自動で目合わせを行って，超高解像力レンズを用いて直接ウェーハ上に縮小投影露光する動作を順送りに繰り返して，ウェーハ全面に行き渡らせることを目的としたものである。したがって，フォトマスクではなく，その前段階のレチクルをそのまま使用することがこの装置の最大の特徴となっている。そのため，装置には超高解像力で収差の少ない縮小投影レンズ系とともに，ウェーハの上

に既にあるパターンの位置と方向を正確に検出するための超精密高速計測機構と，ウェーハを縦横回転方向に移動させて位置合わせを行うための超精密高速ステージ機構を必要とする。

この，移動させては目合せを行う動作を繰り返すという方式は，電子ビーム露光技術に関しては，その目標性能仕様として既に提案[3]されていたが，後年にこの種の縮小投影露光装置が「ステッパー」と呼ばれるようになった所以とされている。

策定できた目標性能仕様の主なものは次の通りである。

・1μm 幅のパターンが精度よく形成できること
・合わせ誤差は 1/4μm，できれば 0.1μm 以下であること
・1 回のパターン形成範囲が 1cm□より広いこと
・量産機は 300 枚/day 以上のウェーハ処理能力を備えること
・1970 年代中に，製造ラインに量産機を投入できること

このような確固たる目標仕様が作成できたのには理由がある。それは超 LSI 共同研究所が，国（通商産業省）と国内の主要半導体メーカーが IBM の FS（Future System）計画に対抗する手段として，通商産業省が音頭を取ってコンソーシアムを組織して設立されたものであったため，国内の主要半導体メーカー各社の思惑もほぼ一致していたことが背景にあったことである。

当然のことながら，超 LSI 共同研究所のデザインゴールも明白であったため，目標とする半導体デバイスの開発を担当される方々からは，統一的な確固たる基礎データをいただくことができた。

このような背景があり開発するリソグラフィ装置が備えるべき目標性能仕様を固めることができたばかりでなく，その量産適用時期までも測り知ることが可能であった。これらのことが大きな要因であると考えられる。

(2) 海外の開発動向調査

次に行ったことは，海外の装置開発動向の調査を実施することであった。

主要なフォトリピーターメーカーである米国の GCA 社と東ドイツの Carl Zeiss Jena 社には，直接出向いて状況調査を行った。GCA 社では開発担当技術者が，同社のステッパーの優位性を丹念に説明してくれたが，実機を見せてく

れることはなかった。Carl Zeiss Jena 社訪問に際しては，分断中の東西ドイツ国境にある検問所で徹底的な身体検査をされ，カメラに装填しておいたフィルムまで没収されるなど，非日常的な経験を多々したが，会社自体は極めてフレンドリーであった。同社は独自のコンセプトで，ステッパーのプロトタイプ機を既に完成させており，その詳細を説明してくれたのみならず，稼働状況を間近で見学することまでさせてくれた。

これらの調査を行った結果，いずれのメーカーも技術力は十分あったものの，ステッパーに備えるべき明確なデザインゴールを持っていないことが判明したので，国内の光学機器メーカーで縮小投影露光技術開発を行うことの意義が極めて大きいことが明白になった。

装置開発を打診した国内の光学機器メーカーは各社とも極めて協力的で，超LSI 共同研究所が提示した目標仕様に十分理解を示され，自社の保有技術との対応を検討しつつ，開発する装置の仕様に関する細かい打ち合わせにも前向きに対応する姿勢を示していただいた。

それらの中には，経営上のリスクを負わずに，当該装置の新規開発に挑戦することが十分可能なだけでなく，必要な数量の量産装置を製造する能力までも有している光学機器メーカーが存在することも窺い知ることができた。後世聞くところによれば，装置の開発が成功した暁に開発費用の回収が十分可能であり，さらに大きな利益を生む事業となることを既に認識していたメーカーもあったようである。

最終的に，超LSI 共同研究所はニコンとキヤノンの2 社に発注することになったが，本件を受注するに際して，ニコンにおいては吉田庄一郎氏の，キヤノンにおいては百瀬克己氏の大英断が大きく寄与したと聞いている。

納期通りにキヤノン社からは VL-SR1（図 5.8）として，ニコンからは VL-SR2（図 5.9）として，試作装置がそれぞれ納品され，それらを使用して当初の目標通り，超LSI 共同研究所で「屈折光学系縮小投影露光技術」を用いた 1μm レベルのリソグラフィの成果を得ることができた。

また，この縮小投影リソグラフィ技術開発に際しては，光学機器メーカーのみならず，フォトレジストメーカーも極めて協力的で，新規のフォトレジスト

5.2 ステッパーの開発経緯とその後　　117

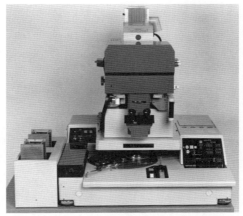

図 5.8 試作した縮小投影露光装置 VL-SR1（キヤノン製造）

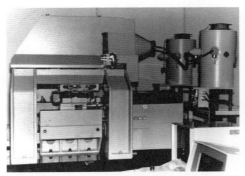

図 5.9 試作した縮小投影露光装置 VL-SR2（ニコン製造）

および現像剤の開発に尽力され，新製品の提供等々，数々の協力をいただくことができたことも成果を上げることができた大きな要因であったと考えている。

5.2.3　共同研究所の後

(1)　光学系手法の限界

　試作装置によって，縮小投影露光装置による 1μm レベルのリソグラフィ技術が，超 LSI レベルの半導体デバイスの製造に極めて有効であることが証明さ

れた後，ほぼ予定通りの時期に，g 線の屈折縮小光学系を用いた量産対応のステッパーが製造現場で稼働することになり[4]，日本の半導体メーカーは 1MDRAM の製造において世界最先端となり，以後しばらくの期間，半導体業界をリードすることになった。

その後は，日本とヨーロッパにおける光学機器メーカーサイドにおいて硝材開発，屈折光学系設計・製造技術，精密制御駆動技術などが順調に進歩した。それらの成果により，ArF 光源と液浸露光技術を用いたリソグラフィが適用される時代までの期間，屈折光学系縮小投影リソグラフィ技術の優位状態が継続した[5]。

しかしながら，最先端半導体デバイスの開発が進むにつれて，屈折光学系では到達不可能な超微細化・超高集積化が求められるようになった。

光学的な手法で微細なパターンを投影露光する際に，どうしても避けられない公式がある。それは，レイリーの公式と呼ばれており，次式で表記される。

$$R \propto \lambda/NA$$

ここで，R はどのくらい細かく解像できるかを示す解像性能，λ は用いる光の波長，NA はどのくらいの角度で光を収束できるかを示す開口率である。

これまで屈折光学系縮小投影リソグラフィ技術では，開口率をできるだけ大きく，使用する光の波長をできるだけ短くするよう努力して，解像性能を向上させてきたが，波長が短くなるにつれて肝心の光がガラスを透過しなくなり，縮小投影レンズが使用できなくなるという限界が来てしまった。

10nm 以下のパターン形成が必要とされるレベルになると，そこでは波長の短い光を用いた反射光学系を使用するしか手だてがなくなってしまう。反射光学系を用いれば，反射する鏡面材料がある限り，短い波長の光を用いた光学系を工夫することによって，解像性能を向上させることが可能とされている[6]。

とはいうものの，遮二無二波長を短くすればよいというわけではない。可視光線領域から紫外線領域へと波長を短くしていくと，解像性能は向上するが，物資透過率が極端に減少してしまい，空気さえ透過しなくなってしまう。このためリソグラフィ装置として稼働させるためには真空中でなければならないこ

とになる。

さらに短波長化を進めて軟X線領域まで短くすると，反射させる鏡面材料に事欠くことになり，高性能な光学系を構成することが極めて困難になる。

そこでEUV領域に白羽の矢が立ったわけである[7]。この領域の光で反射型縮小投影光学系露光装置を使用すれば最適解が得られることが知られるようになったが，装置を開発製造し，設置環境を整備するには，広範囲な研究開発分野と莫大な費用を必要とするのは明らかであった。

TSMC，インテルなどは，その膨大な財力とASMLを中心とするオランダ・ドイツ勢力の技術力を総動員して，実現させることができたと聞いている。

(2) 国内の対応

日本の半導体メーカーと産学界も立ち遅れることを憂慮していたと思う。官も手を拱いていたわけではなく，1985年に締結させられたあの屈辱的な「日米半導体協定」の罪滅ぼしのつもりかどうかは分からないが，一度ならず，対策を行ってはいた。その一つは，軟X線を用いたリソグラフィを目指した露光技術開発のために設立された研究機構「SORTEC」である。この機構には，社命により私も出向し，計画推進に加わった。

SORTECは，茨城県つくば市にある「高エネ研」の近くに大規模な研究開発施設を構築し，「高エネ研」からの技術的支援を受け，さらに国内重電各社の協調を進めることによって，軟X線領域の強力な平行光源であるシンクロトロン放射光装置の開発には成功することができた。

SORTECには光学機器メーカーであるニコンもキヤノンも参加していたが，機構全体としての方針で，アラインメント方式としては当時MITにいたスミス教授が提唱していたプロキシミティ方式で十分とされていたので，後にEUVリソグラフィにおいて主流となった反射投影露光技術には，それほど重きが置かれなかったのである。

機構全体としても，アライメント装置を含めたトータル・リソグラフィ・システムの完成にまでは至らずに収束状態になってしまい，返す返すも残念だったと思っている。

その他に，研究機構「ASET」，「SELETE」，「EUVA」などいくつか設立され

たが，これらの機構に加わることがなかったので，詳しい活動内容を知ることができなかった。

　最近になっては，巨大化したファブレス・ファンドリーに対抗・凌駕することを目的として「最先端半導体技術センター」を，加えて「ラピダス」が設立されたことを耳にしているが，これらの活動が単なる後追いにならないことを切に祈っている。

　米寿も近づき，終活を余儀なくされる年齢となってまいりました。かねてより身の回りの物の処分を行っており，過去のデータなどは既に手元にありません。本稿を起こすにあたりましては，記憶に残っている事柄のみを断片的に書き記しただけとなりましたことをどうかお許しいただきたいと存じます。

5.3　超 LSI 共同研での経験（電子線レジスト開発）とその後，及び日本の半導体産業について

第三研究室　多田　宰（東芝出身）

5.3.1　はじめに

　2019 年 3 月に電子書籍「超 LSI 共同研究所物語」[8] が共同研究所 40 年記念同窓会誌としてアマゾンから出版され，その中の一員として私も執筆した。そのきっかけは，垂井元共同研所長からの電話であった。通産省の超 LSI プロジェクト（超 LSI 技術研究組合）の話はよく言及されているが，そこで開発された電子線レジストの話はほとんど触れられていないので，是非今回の文集でそれも含めたことに関する内容を記述して欲しい旨の依頼をいただいた。

　2024 年 2 月末に垂井氏より再び電話があり，今回は電子書籍だけではなく，よりわかりやすく，短くしたもので，書店で販売できる書籍を企画している旨の連絡をいただいた。我が国の半導体産業発展のきっかけとなった通産省超 LSI プロジェクトの成果を再確認することによって，その中に我が国の半導体産業復活のヒントを見出せる可能性も考えられるのではないか，という趣旨の話もお聞きした記憶がある。そして 6 月に正式の執筆依頼の要請をいただいた。

5.3 超 LSI 共同研での経験（電子線レジスト開発）とその後，及び日本の半導体産業について　　121

通産省超 LSI 開発プロジェクト終了以来，度々私の共同研での仕事に言及していただいている垂井氏に感謝申し上げるとともに，今回も執筆の機会をいただいたことに改めてお礼申し上げたい。

　一方，「超 LSI 共同研究所物語」発表以来，既に 5 年が経過し，我が国の半導体産業をとりまく内外の環境は激変している。したがって，今回の記述内容においては，単に上記電子書籍の内容を短縮したものではなく，現在の視点から見た内容の追加や，我が国の半導体産業の今後についての記述も付け加えた。同窓会誌と同様，共同研時代およびそれ以後の仕事について，共同研での経験という資産がその後どのような影響を与えたのかという視点で，その都度直面した各課題への批判的回想を内容とするエッセイのようなものを記述してみたいと思う。

5.3.2　超 LSI 共同研究所

(1)　通産省超 LSI プロジェクトと共同研

　東芝に入社して間もなく，半導体事業部の村岡技師長が IBM の FS（Future System）の話をしていたことを憶えている。「現在 1 個の IC には数千個程度のトランジスタしか詰め込まれていないが，IBM はそれを百万個の単位で詰め込んだ超 LSI の開発を進め，それを使った計算機システム FS の開発を企図している。我々はそれにどう対抗するのかという点について，研究所や通産省と共同で協議を進めている」ということであった。これが超 LSI 技術研究組合設立の重要な動機となっている。つまり日本のコンピュータ事業を IBM の FS に対抗して発展させるためには，超 LSI の開発は死活的重要性を持つと通産省首脳が考えていたことによる。世界の中での今後の日本のコンピュータや半導体産業の展望という意味において，その位置づけやキーテクノロジーを通産省は正確に把握していたといえる。事実このプロジェクトが我が国の半導体装置産業の幕開けとなり，メモリーを中心に世界的に日本の半導体が市場を席巻する時代の端緒をつくった。今では超 LSI 技術研究組合は，類似の方式で進められた国家プロジェクトの中では数少ない成功例とされている。

（2） 量子化学理論に基づく電子線レジストの設計と開発

　入社1年後に超LSI技術研究組合共同研究所に出向した。そこは高密度LSI技術に関する基礎共通技術の研究開発を使命とする研究所で，電総研，日立，東芝，三菱，NEC，富士通出身のメンバーで構成され，私の担当は電子線レジストの開発だった。当時の電子線レジストとしてはBell研の開発したPBSとIBMが使用していたPMMAが代表的なものであった。PMMAは高い解像度を持つが電子線に対する感度が低く，当時東芝が開発していたラスタースキャン型電子線描画装置では十分なスループットがとれなかった。一方，PBSは感度は高いものの，解像性はPMMAに及ばず，プロセス制御性が悪い，材料の安定性が悪いという問題点を抱えていた。

　分子の設計という点では同じ化学でも専門領域によってアプローチの仕方はかなり異なる。私のような理論系研究室出身者はできるだけ単純化して考えようとする傾向が強い。まず当時レジストに最も使われていたアクリル系高分子の基本骨格を維持しながら，高感度用レジストに構造を最適化しようと考えた。当時設定した設計基準は以下の通りであった。

① 電離放射線に対してできるだけ主鎖結合が分解しやすいこと

② ただし熱に対して分解しやすいということはなく，一定の耐性を保持すること

③ できるだけ現像特性が良好なもの（照射／未照射部分の分子量比率が小さくても，現像液に対しては大きな溶解速度比率をとりやすいもの）

　当時，炭化水素系分子の電子状態を分子軌道法で計算してみて分かったことは，C-C結合の電離放射線による分解のしやすさはC-C結合力の強さには必ずしも比例しないということであった。その分解のしやすさは，むしろ電離放射線によって電子が吹き飛ばされた際の結合力の弱まりの程度に比例するということを発見した。この解析結果は，電離放射線によっては分解しやすいが，熱によっては決して分解しやすくはない分子系の設計が可能であることを意味していた。

　高分子のアクリル骨格を維持しながら構造を変える方法は，具体的には主鎖のa位の置換基と側鎖のエステル基の2か所を変えていくことになる。図5.10

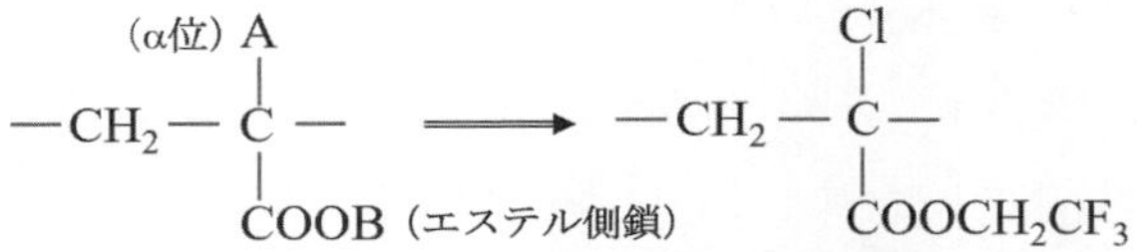

5.3 超 LSI 共同研での経験（電子線レジスト開発）とその後，及び日本の半導体産業について　　123

$$\begin{array}{c} (\alpha\text{位})\ \text{A} \\ | \\ -\text{CH}_2-\text{C}- \\ | \\ \text{COOB}\ (\text{エステル側鎖}) \end{array} \longrightarrow \begin{array}{c} \text{Cl} \\ | \\ -\text{CH}_2-\text{C}- \\ | \\ \text{COOCH}_2\text{CF}_3 \end{array}$$

図 5.10　分子軌道計算に基づくポジ型電子線レジスト EBR-9 の分子設計

に示した通り，a 位の置換基を色々変えて計算した結果，Cl（塩素原子）を付けたときにイオン化した際の結合力の弱まりが最も大きいことが確認できた。このことは，Cl 置換によって電離放射線による C-C 主鎖の結合開裂が最も生じやすくなることを示唆している。しかし同時に Cl 置換してもその C-C 結合が弱くなることはなく，計算結果は通常使用している CH_3 基（メチル基）よりもやや強めになることを示していた。このことは Cl 置換しても主鎖結合の耐熱性が低下することはなく，しかも電離放射線に対しては C-C 主鎖切断が生じやすいアクリル系高分子の実現が可能なことを意味していた。そのため a 位の置換基としては Cl を選択した。一方，当時の論文報告例から，エステル側鎖に F（フッ素原子）を導入すると現像特性が改善されることが示唆されていた。その点から F を含むエステル基をいくつか検討したが，F の量を増大させてエステル基のサイズを増大させるとガラス転移点の低下などの弊害があるため，合成可能と考えられるものの中で最も単純な構造，OCH_2CF_3 基をエステル基として選択した。化学屋さんからみれば，それは決して凝った構造ではなく，逆に何だという構造かも知れない。それが EBR-9 の構造となった[9], [10]。

　EBR-9 の構造は単純であり，合成可能なものと想定して設計したつもりであるが，合成依頼した東レ基礎研では意外に合成に時間がかかった記憶がある。しかし EBR-9 の実現には東レ基礎研の合成グループの協力は不可欠であり，東レの片岡睦雄氏をはじめ関係したメンバーの方にはこの場を借りて感謝申し上げたい。EBR-9 は期待通り，高い電子線感度と PMMA 並みの耐熱性を持ち，高い解像性を持つことが確認できた。1978 年に米国の ECS で分子軌道計算によるレジスト特性解析の発表をしたが，それが実質的な EBR-9 の初めての発表となった。

124   5 汎用型電子線描画技術とその周辺技術の開発

（3） IBM Watson Research Center での技術討論

ECSでの発表の後，IBM の Watson Research Center を訪問した。当時 Watson と同時に San Jose の Research Laboratory への訪問も申し込んだのだが，San Jose では nonconfidential にお話しできるものはありませんと断られてしまった。Watson Research Center に行っても ECS での発表と同じ内容の話をしたが，当時対応してくれたのは，江崎玲於奈氏の他には IBM の半導体リソグラフィー技術関連の責任者の A.Broers，T. H. P. Chang，M. Hatzakis，H. C. Pheiffer，A. Reisman などが出席メンバーだったことを記憶している。彼らの専門分野はそれぞれ Broers は微細加工，Chang はランダムアクセス型電子線描画システム，Hatzakis は電子線レジストのパイオニア達であり，多くがその後大学等に異動している。Pheiffer は research division の所属ではなく product division の East-Fishkill Laboratory 所属で，当時ラスタースキャン型電子線描画装置の開発をしていた。江崎氏によれば，Watson の研究メンバー達は，彼らの技術を product division に移転しようとしているが，product division は自分達の研究所を持っており，なかなかうまくはいっていないということであった。出席メンバーは今から思えば錚々たるメンバーであり，面白い議論ができた記憶が残っている。

一つは電子ビームリソグラフィーの将来性に関する議論である。私が「今の光リソグラフィーが全部電子ビームリソグラフィーに100％入れ替わることはあり得ないと思うが，どう思うか？」と聞くと，Broers がなかなかいい質問だと言っていたのを憶えている。電子線リソグラフィーの開発者の願望とは異なり，ほぼ全員が電子線リソグラフィーは支配的にはならないと思っているようであった。筆者と同じ第三研究室の篠崎氏も同意見だったのを憶えている。私の記憶に誤りがなければ氏の意見は次の通りであった。「光リソグラフィーがだめになる時が半導体 LSI がだめになる時である。」篠崎氏の予言は概ね当たっている。EUV を除けば，今でも LSI の量産のほとんどは光リソグラフィーによって行われている。マイクロン広島工場（旧エルピーダ）で ASML の EUV 露光機の導入が報道されている。しかしメモリーで重要なのは如何にビットコストを下げるかということにある。1台数百億円で大電力を使う ASML の

露光機を多数並べた量産ラインで果たして DRAM のビットコスト低減が達成できるのかについて筆者はかなり懐疑的である。

またECSで発表したものと同じ内容を Watson Research Center で話したが，質問は江崎氏の「その計算は linear combination of atomic orbital か？」という一つだけであった。セミナーの参加者に電子状態理論の専門家が一人もいなかったから，質問が出ないのも当然かも知れなかった。ECS で私の発表を既に聞いていた Reisman が後で「ECS ではお前の発表が一番面白かった」と言ってくれたのを記憶している。それとは別に，一度 IBM に行ったら聞いてみたいことがあった。私が学生時代，IBM の Watson Research Center から"Molecular Rectifier"[11] という論文が発表された。それは1個の分子が一つの整流器になり得るというコンセプトを発表した論文だった。こういう論文が出てくる IBM というのはどんな所だろうと当時は興味津々だった。ところがそのことについて聞いてみたら，「そういう人達もいる。」というそっけない返事しか返ってこなかった。当時半導体といえば勿論 Si デバイス，なかんずく Si MOS FET デバイスだったのだが，Si デバイス研究者から見れば，分子整流器など彼等が歯牙にもかけないような泡沫テーマだったのだろう。一方，当時 IBM の Research Division では別途 Josephson device に関する大規模なプロジェクトが進行していた。江崎氏によれば，かなり"high risky"なプロジェクトだという評価だったが，結局それは失敗に終わっている。Post Si technology として，Josephson 素子も含め GaAs 素子など様々なデバイスが開発されたが，基幹デバイスとして生き残っているのは未だに Si device である。その意味では Si technology ほど世の中に大きな影響を与えた技術はそれほどないといっていい。もしも百年後にこれまでの技術を総括してみれば，それはインターネット技術やバイオテクノロジーなどと並ぶ位置を占めると思われる。

その年 12 月，IBM は電子ビームリソグラフィーを使って作製した 1μm デザインルールの Si MOSFET 集積回路の発表を IEDM でするのだが，Watson 訪問時にはそのことについての言及もあった。その発表は，超 LSI の幕開けを象徴するような衝撃を当時の半導体デバイスの関係者に与えた記憶がある。IEDM での発表の後，"1μm MOSFET VLSI Technology"と題した一連の論文 [12]

が IEEE に発表されたのだが，かなり格調高く書かれていたのを記憶している。鮮明に憶えているのは ”It is a feasibility study to determine what the problems are and how they can be overcome.” という部分である。日本の企業からはこういう切り口で記述してある論文は多分なかったように思う。

(4)　電子線レジスト EBR-9

　電子線レジスト EBR-9 はその後複数の半導体メーカーでフォトマスクなどの量産に使用され，世界的に様々な研究所で使用された。東芝時代に私が Bell 研究所を訪問した時，「今お前のレジストを使っている」と言われて軽い感動を覚えた記憶がある。自分が開発したものが様々なところで，しかも比較的長期間使用されているのを見るのは開発担当者としてこれ以上にやりがいを感じる場面はない。

　電子材料に限らず，材料系の製品は半導体デバイスやパソコンなどの電子部品や電子機器と比べて製品寿命は長い。メモリー製品，パソコン，テレビなどの電子製品寿命は 1 年から 2 年程度である。LSI 製品が出荷され，1 年後には売価半減というのは珍しくない。高々1, 2 年の製品寿命の製品に対し，毎回莫大な開発費をかけて次世代製品の開発を繰り返すという形態はどう見てもいいビジネスモデルとは言い難い。したがって利益を上げようとすれば早期の大量生産によって先行利益を確保するというやり方をとらざるを得なくなる。それに対し材料系製品の製品寿命は相対的に長い。EBR-9 は 1980 年代初期から商品化されたが，少なくとも 10 年以上は使用されたのではないかと思う。2000 年前半まで，EBR-9 を使った論文が発表されているのを見ると，研究所も含めれば 20 年以上使われているのかも知れない。

　1980 年に超 LSI プロジェクトは終了し，東芝総研に復帰したが，その 4 年弱の経験は以後の私にとっては貴重な資産になった。電子線レジスト開発成功の要因は何か？ という質問を時々受ける。その際には次の 2 つの要因が大きいと答えている。

① 研究の自由度がかなり高かったこと

② かなりの研究予算が使用できたこと

　もちろん大学教員のようなテーマ選択の自由はなく，テーマはレジストに限

5.3 超 LSI 共同研での経験（電子線レジスト開発）とその後，及び日本の半導体産業について　127

定されているものの，その限りにおいてはかなり自由にやらせていただいた。もしもこれだけの自由度と予算額がなければ EBR-9 は出現しなかったであろう。「天の時，地の利，人の輪」という孟子の公孫丑からとった言葉があるが，物事がうまく進む時は大体この 3 つがそろっている場合が多い。逆に一つでも欠けるとうまくいかなくなる。EBR-9 開発時には，そういう環境と人とに恵まれるという幸運があったといっていい。事実，東芝復帰以後の最後半を除けば，企業内研究としてこれだけ自由度の高い研究をやらせてもらえたことはない。また共同研以後の東芝時代を通しても，一人でこれだけの予算額が使えた時代はない。その点では研究を自由にやらせていただいた当時の第三研究室長である武石氏をはじめとする研究室スタッフの方に感謝しないといけない。この共同研での経験が東芝復帰後の仕事の方向に大きく影響することになる。

5.3.3　共同研後の東芝での研究活動と半導体事業との関わり

（1）　EBR-9 によるフォトマスク量産工程の開発と量産化

　東芝総研復帰後にまず行ったのが EBR-9 を用いたフォトマスク量産プロセスの開発とその量産ラインへの導入の仕事である。社内の調整やレジストの供給元である東レとの調整も含め，事業部で小規模ロットを流せる歩留まり水準に達するまでほぼ 1 年近くかかった。しかしこれによって電子線レジストの開発を東芝の利益につなげることができたのだから，幸運だったといえる。量産ラインへの導入を試みたのだが，歩留まりが上がらず途中で断念という案件はしばしば見受けられる。その場合，開発の努力は報われない。EBR-9 は東レで商品化されたために，東芝のみならず国内の半導体メーカーで使用され，国外の研究所などでも広く使用された。その意味では半導体産業を含む広い分野に貢献できたといえる。開発担当者にとっては有難いことであった。

　「研究室で一つの新しいデバイスを開発して動作を確認した。」ということと「それが量産ラインに乗り，商品化される。」ということとの間には千里の径庭が横たわっている。当たり前のことではあるが，研究室で始まった一つの製品開発を企業の利益につなげるためには，それを量産，商品化して営業黒字を生み出す必要がある。しかも後者の仕事で前者の仕事以上の労力が費やされる場

合が多い。ただし仕事に必要とされるセンスや能力は両者では完全に異なる。前者では100回試みて1回成功すれば大きな前進と見なすことができる。研究とはそういう仕事であり，つまり不安定性の追究が重要なテーマの一つなのである。一方後者では，100回やって1回失敗すれば失敗ということになる。ここでは歩留まりが大きな問題の一つとなり，安定性の追究が重要なテーマとなる。前者のようなクリエーター型の仕事が得意な人もいるし，クリエーター型が不得意でも後者のような仕事が得意な人がいるかも知れない。しかし国内の企業内研究者はその両方をやらざるを得ない場合が多い。その商品化という目的にのみ限定すれば，確かにそれは効率的な方式ではある。しかし別の問題が発生する。しばしば，「自分がこういう電子デバイスを発明したので，あとの商品化は企業の仕事（責任）である。」と述べる大学の先生をしばしば見かける。しかし"自分はこの製品を発明したので，後の商品化は事業部の仕事だ"とすましていられるのなら，企業研究部門にいる研究者など楽なものである。同様の事を高性能撮像管「サチコン」の発明者である日立出身の丸山瑛一氏も述べていたのを記憶している。

（2） レジスト開発業務の終了とその後の理論的研究

　東芝復帰後の数十年をふり返れば，私自身様々な仕事に関わった。その中には太陽電池や燃料電池などの開発に関する仕事も含まれるし，電離放射線誘起化学反応素過程や時間依存密度汎関数理論に関するかなり基礎的な理論研究も含まれる。しかしある時期から仕事の中心は半導体事業関連の課題に重点を移していった。そのきっかけは四研所属の松下氏と電車の中での偶然の出会いである。そのとき松下氏から「レジストのような東芝の製品でもないものをやるよりは，東芝の主力製品である半導体デバイス本体に近い仕事をやった方がいいのではないか」というアドバイスを受けた。その翌日くらいに松下氏から電話があり，そこからSi結晶，Siウェーハ関連の研究開発を行うグループとの共同研究が始まった。この共同研究の結果，新しく開発された洗浄工程が半導体生産ラインで展開される等の成果が得られたのだから，Si結晶や表面制御の課題に参入したのは成功だったといえる。当時企業研究レベルでは，Si結晶や表面を原子レベルで把握し，電子状態計算から劣化反応を解析，予測する

5.3 超 LSI 共同研での経験（電子線レジスト開発）とその後，及び日本の半導体産業について 129

ことはほとんど行われてこなかった。その点では技術開発部門の需要に合った
仕事になったと思う。これは共同研で得られた人脈のおかげである。松下氏と
の共同研究は，氏が東芝セラミックスへ異動した後も続いたから，氏とは長い
付き合いとなり，大変お世話になった。

　私が学生の頃，東芝総研を見学した時に案内していただいたのが高須氏と松
下氏である。総研からの帰りに松下氏に武蔵小杉駅まで送っていただいた記憶
がある。高須氏の話では，「東芝総研では under the table と称する仕事領域が
あり，一定の時間，会社業務以外の研究課題をしても，黙認されるという文化
がある。」という話を聞いたのを鮮明に憶えている。恐らく旧マツダ研究所の
伝統であろう。その時，東芝総研とは研究自由度の高いところだという印象を
受けた。真偽の程は分からなかったものの，「東芝総研ではやりたい放題が出
来る。」という断片的なうわさが流れていたのは事実である。実際はそんなこ
とは全くなかったのだが，当時の高須氏と松下氏から受けた印象は，「東芝総
研とは研究所的なところ」であり，それが私の東芝入社の動機の一つになって
いる。

　松下氏のグループとの Si ウェーハ関連の仕事とのつながりから，清浄化プ
ロセスのグループとの共同研究も始めることもできた。その系統の仕事は私の
東芝退職直前まで続けることができたから，清浄化グループの方々とも大変相
性が良かったのだろうと思う。様々な問題に対処したが，例えば縮小投影型ス
テッパーで光転写を繰り返す過程でフォトマスク上に生成する欠陥の問題など
である。この場合もクリーンルームで検出された反応物や欠陥の組成分析とい
う情報を基に分子軌道計算を行った結果，簡単に欠陥組成の物質が生成し得る
ことが判明した。そのような反応生成物の絞り込みによって，生産ラインにお
けるフォトマスクの欠陥抑制に貢献することができた。

　半導体基板関連や LSI 工程での清浄化プロセス関連課題の仕事と並行して，
後半にはより半導体デバイスの中核部分に関する研究に移行した。研究開発の
対象は，CMOS FET の高誘電率ゲート絶縁膜，平面および 3 次元の NAND フ
ラッシュメモリー，分子素子へと移っていったが，東芝時代を通してみれば，
徐々に半導体デバイスの周辺部分から中核部分へと移行し，最後半になって，

130 5 汎用型電子線描画技術とその周辺技術の開発

入社時にひょっとしたらできるかも知れないと考えていた分子素子の研究開発にも携わることができた。その意味では東芝に就職したことは幸運だったかも知れない。

CMOS FET は微細化と並行して，高誘電率ゲート絶縁膜，金属ゲート電極，マルチゲート電極等の導入へと進んでいくのだが，ある時期から高誘電率ゲート絶縁膜の課題に関わった。当時ポリ Si 電極に高誘電率ゲート絶縁膜を接合させた場合，どうしても大きなフラトバンド電圧シフトが生じ，低い閾値電圧がとれないという問題が生じていた。当時その問題は MIGS（Metal Induced Gap State）の発生による Fermi level pinning 説が関連学会では提案されていたが，筆者自身はその説明では納得できなかったし，当時の東芝のデバイス屋さんも半信半疑であった。一方，界面モデルを用いた我々の電子状態計算では，界面に強い界面双極子のようなものが発生する結果が示唆されていた。界面双極子の発生は必然的にフラトバンド電圧シフトを起こすはずであり，かつシフト方向はデバイスの測定値と一致していた。ところがポリ Si 電極を使う場合，どうやってフラトバンド電圧シフトを消滅させるかについては，世界的にもかなり難航していたのを記憶している。この問題は Intel が金属ゲート電極を用いることによって解決したようであるが，私自身は途中で別の研究課題に移ったために，この課題の詳細は以後把握できていない。

（3） NAND フラッシュメモリーとの関わりと分子デバイス

東芝の半導体部門は 2008 年のリーマンショックの時に大幅な営業赤字を計上し，以後先端ロジック開発から事実上撤退する。膨大なコストがかかる先端ロジック開発と量産はその後 Intel，IBM，TSMC，Samsung などの数グループに集約されてしまった。しかし IBM は LSI の量産から撤退し，当初先頭を切って走っていた Intel は 10nm Fin FET の量産立ち上げに失敗した後，TSMC や Samsung の後塵を拝している。Intel は PC 用マイクロプロセッサーの一部の生産（3nm Fin FET）を TSMC に委託し，その製造部門は巨額の赤字を抱えるという状態に立ち至っている。現在，先端ロジックの開発，量産の両面でTSMC 一強状態になりつつあるといっていい。

東芝が DRAM から撤退した後，開発の重点を NAND フラッシュメモリーに

5.3 超 LSI 共同研での経験（電子線レジスト開発）とその後，及び日本の半導体産業について   131

移し，さらに先端ロジック開発撤退後には，ロジック開発に携わっていたメンバーの多くをメモリー領域に投入した。そのため 2008 年以降は，清浄化グループとの共同研究も含め，NAND フラッシュメモリー関係の仕事に多く携わることになった。主な課題は生産過程で発生した問題と次世代デバイスが抱える問題点への対処であった。量産過程では実に様々な問題が発生するが，その原因は簡単には分からない。様々な分析機器を使って原因解析をやるのだが，原子レベルでどうなっているかはつかめていなかった。原子レベルあるいは電子状態の解析にはやはり電子状態計算による情報が必要となり，実験的解析と原子レベルでの電子状態計算を突き合わせながら対応していく必要があった。また次世代，次々世代，さらに次の世代のメモリーデバイスの開発方針に関する議論をメモリーデバイス開発部門と行い，恐らく東芝入社以来最も仕事の面白かった時期でもある。

　NAND フラッシュメモリーは舛岡氏のグループが開発した東芝のオリジナル製品である。舛岡氏らのグループは 1987 年の IEDM でそれを発表した。しかしそれが東芝半導体部門の主力製品になったのは，1995 年頃にデジタルカメラや携帯電話という決定的な用途製品を獲得できてからである。それまでは苦闘の連続であったといっていい。運が悪ければ開発中止になっていたかも知れないデバイスであった。そもそも舛岡氏が NOR 型フラッシュメモリーを発表した当時，着目したのは東芝ではなくて Intel だった。NAND 型フラッシュメモリーにしてもその将来性や潜在的価値を評価できるマネージャーは東芝にはほとんどいなかったらしい。1992 年に NAND フラッシュの技術を Samsung に技術供与しているくらいである。むしろその価値が分かっていたのは Samsung の方だったのかも知れない。事実 Samsung は NAND フラッシュに大規模な投資を行い，瞬く間に市場占有率トップの位置を占めるに至った。もったいない話である。東芝は概して優秀な人材と開発された革新的技術を有効に使うのが下手な会社である。研究開発部門に限らず，適任のマネージャーや適任の経営責任者の選択に失敗している。適任の人材がいるにもかかわらずである。これは東芝が抱える大きな問題の一つである。それでは何故 NAND フラッシュメモリーは生き残ったのか？

NHK で NAND フラッシュメモリーに関して舛岡氏とのインタビュー番組が放映されたことがある。その中で氏は述べていた。「東芝だからできた。」と。氏の発言を私は分かるような気がする。舛岡氏が日立にいようが，NEC にいようが，富士通にいようが，同じ事ができたとは私も思わない。現在の東芝の研究開発部門にそういう雰囲気が残っているかどうかは知らない。しかし私のいた頃には，やりたいことがあればそれをある程度強引にできる空隙のようなものが東芝にはあった。もしもこれからも革新的技術が生まれ得るとすれば，そのような空隙の存在が不可欠だと私は思っている。「鞭を持って人々に対して創造しろ，ということはできない。創造のプロセスは研究者に休息室を与え，そこに彼を残して立ち去ることができるか否かにある。そうすれば，彼らのアイデアは実りのあるものになろう。」Intel の創業者の一人 R. N. Noyce の言葉であるが，このような環境が技術革新には必要条件となる。

舛岡氏の場合でいえば，NAND 開発当時の半導体事業部の主力製品はDRAM であり，そもそも NAND フラッシュメモリーがやがては東芝を支える主力商品に成長するなどとは誰も思わなかった時代である。私は詳しくは知らないが，多分「そんなものに膨大な予算を投じるなら，DRAM のようなより重要な製品の開発をやるべきだ。」と言う人達が多数いたであろうことは想像に難くない。番組の中で氏は次のように述べている。「別のものをやれと言われたが，だめ，フラッシュメモリーをやるといった。それができたのが東芝ですよ。武石さんのおかげです。」舛岡グループだった渡辺重佳氏も同様のことを番組の中で述べている。「舛岡氏が困った時，『舛岡君のやり方で方向性は合っている。それでちゃんとやればいいんだ。』と武石さんが必ずかばっているという感じになっていました。」舛岡氏は上司に恵まれていたというべきだろう。もし上司が武石氏でなければ，NAND フラッシュはなかったかも知れないのである。大きなスケールで見れば，舛岡氏は天の時，地の利，人の輪に恵まれていたといえる。「千里を駆ける馬はいつの時代にもいるが，それを見出す伯楽は常に不足している。」よくいわれることである。武石氏は名伯楽だったと思う。私も東芝の中にいて，武石氏が的確な技術評価や人物評価のできる人であることはよく認識できた。東芝から大学へ転出したある先輩から言われ

たことがある。「東芝は何故武石さんを役員にしないのか？そんな会社はだめになっていくよ。」実際，先輩のいう通りになっていった。

なぜメモリー製品市場が拡大したか？それはビットコストが大幅に低下することによって用途が拡大し，市場が拡大していったからである。本質論から言えば目的は微細化ではなくてビットコストの低減である。ある時期まではメモリーセルの微細化によってビットコストの低下が進行していった。しかしそれはある時点で限界に達する。微細化ができるといっても，例えば1台数百億円のEUVシステムを何台も揃えて量産すれば逆にビットコストを押し上げる可能性が高い。ビットコストを下げる一つの方法が3次元化である。東芝は3次元NANDフラッシュメモリーの開発に早くから着手し，Bit Cost in Scalable なメモリーデバイスという意味でBiCSと名付けていた。BiCSは2007年，IEDMで東芝から初めて発表された。開発は東芝が先行したのである。しかしこれも平面型NANDフラッシュと何となく似た経過をたどる。量産で先行したのはSamsungであった。2013年Samsungは24層の3次元NANDフラッシュメモリー（V-NAND）の少量生産を開始，翌年には32層のチップを搭載したSSD製品の発表を行う。その状況を踏まえ，2014年には研究開発センターも参加した巻き返しのためのBiCSに関する大規模なプロジェクトが始まり，その時は私もプロジェクトメンバーの一員だった。同じ年に私は東工大に異動したため，その後の詳細は知らない。3次元NAND自体はその後多層化が進行，キオクシアは2023年のIEDMで218層のBiCS8を発表，2024年にはサンプル出荷を開始しており，2024年1Qの市場占有率はSamsung，SKグループ，キオクシアがそれぞれ36.7，22.2，12.4%となっている。メモリー分野では，日本メーカー自身が最先端デバイスの開発を続け，国内での量産を継続している。この点は，早々と先端CMOSロジックの開発から撤退した国内メーカーとの大きな違いである。ほとんど指摘されていない点であるが，メモリー分野でのこの位置を維持し続けることは日本の半導体産業にとって死活的に重要な点である。

FETについていえば，2024年のIMECの資料によれば，Fin FET → GAA FET → CFET → 2DFETと立派なロードマップが作成されている。しかし

134 5 汎用型電子線描画技術とその周辺技術の開発

1.4nm デバイス以降は何も分からない未知領域となる。技術のトレンドをみていくと一つの技術には必ず終わりがくる。Si technology も例外ではない。Post Si technology の候補の一つとして分子デバイスがある。新しいデバイスという意味では複数の方向が考えられる。一つは分子系を導入するなどして Si technology の延命を進めていく過程で新しいデバイスに進化していく場合，それとは別にこれまでとは全く異なるコンセプトのデバイスの出現で一気に変わっていく場合などである。今後の半導体デバイスの進化はある意味で楽しみでもある。学生時代に IBM の分子整流器の論文[11]を読んで以来，数十年経過していたが，東芝時代の最後の数年間，メモリー開発部門と共同で分子デバイスに関する研究開発に携わることができた。ある意味では幸運なことかも知れない。舛岡氏が NHK のドキュメント番組で述べていたように「東芝だからこそできた仕事」かも知れないからである。分子デバイスはその後，筆者が東芝→東工大→都立大へと異動した際にも研究を続けることができたテーマの一つであった[13]。

5.3.4 Academic Society での風景

「今年の 3 月，大学を退職した。毎年 3 月最後の会議で退職者は簡単なあいさつをする。そしてこの数年，多くの人の口から次のような言葉がポロリとでてくる。自分はかろうじてよき大学人の生活を送ることができた，これから残る人は大変だろうが，がんばっていただきたい，と。この嘆息とも苦情ともとれる口上が最近は恒例になっている。

私も最後の数年，同様の感想をもっていた。はっきりいえば大学は音をたてて崩壊しているようにさえ思える。表面的にみれば，どの大学もかつてなくダイナミックに変化し，社会の動きに必死で歩調を合わせようとしている。しかし，残念ながらその動向は，私などが考える大学ではなくなりつつある。」

これは佐伯啓思氏が 2015 年に京都大学を定年退職した後に朝日新聞に執筆した文章である。類似の話を，大学を退職した別の人からも聞いたことがある。私は 2014 年に大学に異動したが，大学をめぐる風景は私の学生時代とは一変していた。私の学生時代，京都大学では学生は教官を " さん " づけで呼んでい

た。でも私が大学に異動した時，物理や物理化学領域を除けば，大体"先生"になっていた。全共闘の立て看はなくなり，まことに静かな大学になっていた。

以前，大学は成長産業だった。しかし今，大学は衰退産業である。私の学生時代の 1970 年の大学数は 382 校だったが，2014 年には 781 校にまで増加した。一方，学生総数は減少の方向に向かい，2024 年の私立大学の定員充足率は60%を切った。常勤教員ポストも減少傾向なのに対し，以前に著しく増員された博士課程の定員数やポスドクの総数はそのままである。産業界は勿論それを吸収しきれず，academic society では非正規雇用のポストのみが増大した。その結果，若手研究者の身分は不安定となり，研究環境は悪化した。同時に学歴難民あるいは高学歴ワーキングプアと呼ばれる層が少なからざる量で発生した。不安定な身分の研究者は「10 年に 1 度のホームラン」は狙わなくなる。できるだけ短期に確実に成果の出そうな安全な研究課題を選択する傾向になるはずである。

文科省の最大の失敗は国立大学法人化と予算の過度の傾斜配分である。その結果，日本の学術発信力は著しく低下した。科学技術・学術政策研究所の資料によると，Top10% 補正論文数は 1999〜2001 年平均で世界第 4 位だったのが，国立大学法人化後の 2019〜2021 年平均では世界第 12 位にまで低下した。そもそも日本のサッカーチームが強くなったのは J リーグという土台の底上げに成功したからである。今の政府の政策は逆の事をやっている。国立大学をランク分けし，最上位ランクに予算を傾斜配分する。そのような制度を 2 重，3 重に張り巡らした。東北大学が第一号認定された国際卓越研究大学などはその典型例である。一方で国立大学の基盤的予算である運営費交付金を削減し続け，国立大学の基盤的土台を崩し続けている。そもそも我が国の学術発信力の中核を担うのは国立大学であるから，その基盤的土台が切り崩されれば，全体の学術発信力が低下し続けるのは当然のことである。

2021 年，眞鍋淑郎氏がノーベル賞受賞記者会見で述べた言葉が私の記憶の中に鮮明に残っている。氏は最近の日本の研究について，"There doing less and less curiosity-driven research than before." と指摘していた。私も同じ感想を持つ。最近の若手研究者は予算の取りやすいテーマ，たとえ時限的雇用で

あったとしてもポストの取りやすそうなテーマに過度に集中する傾向がある。私が東工大から都立大学へ異動した2015年前後は機械学習の国家プロジェクトが乱立していた。機械学習のプロジェクトが乱立するということは政府が予算をその領域に傾斜配分して，研究者をその分野に誘導したことを意味する。当時，物理の若手研究者が大挙して機械学習の分野に移り，物理本体が手薄になってしまうのでは？という危機感をある物理の教授が述べていたのを記憶している。ある計算科学系の討論会で，機械学習を使わなくてもできる問題にわざわざ機械学習を使った研究が多数散見されると苦言を呈した人がいた。機械学習は目的ではない。ある目的に到達するための手段にすぎない。このような環境下なら，機械学習が面白くて研究するというよりは，予算やポストを取りやすいからという動機で機械学習の領域にシフトする研究者が一定程度発生するはずである。このような人達からノーベル賞級の研究は生まれにくい。産業上重要になりそうだと巷間いわれているテーマに特化したプロジェクトをこれからやろうというのは，後追い研究をやるということとほぼ同義である。後追い研究からブレークスルーは生まれにくい。ノーベル賞級の研究は主に眞鍋氏がいう curiosity-driven research から生まれている。その意味で，日本でその種の研究が減少しているとすれば，日本でこれからノーベル賞受賞者が減っていくことを意味している。これはいま流行りの予算の過度な傾斜配分がもたらす必然的な帰結である。多分ノーベル賞受賞者もある時期から減少していくだろう。その意味からすれば，日本の学術発信力の低下を食い止める方策は今とは逆のことをやればいい。国立大学の運営費交付金を増加させ，身分の不安定な非正規雇用者を削減して，正規雇用者数を増やす。そしてどちらかといえばたとえ薄くてもいいから広く研究費を配分し，安心して curiosity-driven research ができる環境を広範な研究者に提供することである。付け加えれば，国公立大学の学費を筆者が1969年京都大学に入学した時の年間12,000円程度に戻すべきである。昨今の東京大学の年間64万円への学費値上げなどは論外な話である。

　以前共同研三研での先輩で東芝から島根大学へ異動された鷲見昌彦氏と国立大学法人化の話をしたことがある。大学法人の正確な名称は "独立行政法人"

である。氏は「独立という名前がついていることは独立していない証拠だ。」と述べていた。大学に「運営方針会議」の設置を進めている文科省を見ると，大学への統制強化を進めているように見える。株式会社組織のような大学が中にはあってもいいのかも知れない。理非曲直の問題を別にすれば，それも多様性の一つかもしれない。しかし一律に国立大学組織の私立化を進めると大学の多様性がなくなってしまう。それに本来大学は営利企業ではない。営利企業は短期のタイムスケジュールで運営を行うが，教育は長期の視点で考え，実行する分野である。その意味で，教育は外部の政治，社会的変化に影響されにくい環境で進めなければならない。昨今のように朝令暮改的に組織を変動させるべき領域ではない。また米国のまねをすればうまくいくという領域でもない。形だけ米国のまねをするというのは東芝のこれまでの経営陣の得意技であったが，同じものを風土の違う所に持ってきてもうまくいく訳がない。ある時から助手を助教に，助教授を准教授に名称変更したが，一体これで何が変わったのか？何も変わってはいない。今の状況はため息のでるような状態である。このままだと学術発信力の低下は継続し，やがてノーベル賞受賞者もゼロ生産の時代が到来するだろう。

5.3.5　日本の半導体産業について

(1)　我が国の半導体産業の現状

　かつて衰退産業の見本のように扱われていた我が国の半導体産業が，突如として死活的に重要な産業として扱われるようになった。筆者はこの唐突な変化に戸惑いを禁じ得ない。半導体産業はこれまでは重要ではなかったが，冷戦フェーズIIによって突如として重要になった訳ではない。半導体産業は我が国にとって終始一貫して死活的に重要な産業である。しかし，いとも簡単に日米半導体協定を締結したり，東芝が半導体部門を売却する時，「中国が3兆円で買うのなら，中国に売ればいい」と発言する経済評論家がいたこと等を考えれば，日本政府もメディアも半導体産業がさほど重要な産業とも思っていなかったらしい。

　経産省の資料を見ると，1988年には日本が50％を超える半導体市場占有率

を持っていたが，2019年には10％と，凋落も甚だしいと記述してある。しかし，かつて日本が半導体の全領域で主導権を取った時代など一つもない。DRAMというわずか1品種の半導体で一時的に主導権を握った時代があるだけである。1品種での主導権によって一時的にある程度の市場占有率を取ったとしても，その優位性は砂上の楼閣に過ぎない。当時のNECの社長の発言などを聞いていてもその事がよく認識できていないことが分かる。そのDRAMも他の追随を許さないほどの技術でもなく，あっという間に韓国に追いつかれ追い抜かれてしまった。

　一方，MPU，GPUを中心としたロジック半導体分野では我が国は終始一貫して米国の後塵を拝してきた。例えばマイクロプロセッサーの設計技術で日本が米国に追いついたことなど一度もない。2023年のロジック半導体の設計専業メーカー（ファブレス）売上高トップ10社のうち，6社が米国企業，3社が台湾企業である。AIバブルに乗ったGPUのおかげでNvidiaが市場占有率33％で首位となっている。日本の代表的ファブレスであるソシオネクストはもちろん圏外で売上高はNvidiaの3％程度である。ロジック半導体の基盤となる先端CMOS FETの開発から日本勢は早々と撤退した。開発能力がなかったというよりも，巨大な開発投資に耐えられなかったのが主な原因である。ルネサスのような平面型FETを使ったASICメーカーは依然として健在ではあるものの，日本のファブレスがFin FETを使った先端ロジックデバイスの生産を依頼しようとすれば，台湾や韓国などの外国企業に依頼するしかない状態にある。

　昨今日本の半導体産業を語る時，TSMC熊本工場にせよラピダスにせよ，議論されるのはほとんどロジック半導体の話題だけである。不思議とあまり議論されていないが，ロジック領域と異なり，メモリー領域では日本企業は比較的健闘している。先端メモリーデバイスの開発では競合しており，韓国勢に市場首位を取られてはいるものの，日本企業は外国企業と競合状態にある。そもそもNAND Flashメモリーおよび3次元NAND Flashメモリーは東芝が世界に先駆けて開発したものである。東芝のメモリー半導体部門が分離したキオクシアも2023年218層のBiCS第8世代からなる1TB TLCを発表し，2024年時点

で依然 14% 程度の市場占有率を確保している。旧エルピーダも米国のマイクロン傘下に入ったとはいえ，先端 DRAM の生産を続けている。キオクシアが競合メーカーとの競争に苦戦するとすればその原因は主に資金力の差に基因する。不況時に開発投資がストップし，開発の遅延が生じる。それに対し，国策企業の Samsung などは不況時でも開発投資を継続させ，生産設備を増強してきた。結果，好況時に差がついてしまうというパターンを繰り返してきた。メモリー企業は先端品を生産し続けている水準にある訳だから，米国政府が Chips 法に基づき Intel に 85 億ドルの資金提供をするように，資金的なテコ入れによって挽回させることはまだ可能な段階にある。キオクシアは SK Hynix 傘下に入ればいいなどという評論家もいるが，この認識は東芝のメモリー部門を中国に売ればいいと述べていた経済評論家と選ぶところがない。そもそも各半導体メーカーが平等な立場で自由競争をしている訳ではない。Samsung，SK Hynix，TSMC などは金箔付きの国策企業である。2024 年韓国政府は半導体メーカーに約 3 兆円の支援パッケージを発表している。

　筆者が東芝に在籍していた時，「果たして半導体事業というのはいいビジネスモデルなのだろうか？」と考えていた。まず製品寿命が短すぎる。数年ごとに巨大な費用をかけて次世代製品を開発し，莫大な生産設備投資をして LSI を量産する。歩留まりが損益分岐点以上にならなければ膨大な赤字が発生する。先行メーカーに先を越されることによって市場を取り損なうとこれまた膨大な赤字が発生する。安定して膨大な利益が獲得できるのは TSMC のように他社の追随を許さず，寡占状態になった時のみである。このように半導体事業の大きなリスクは主にデバイス開発と量産段階にある。もしこのリスクを他社に押し付けることができれば，いいとこ取りができ，リスクなしに半導体事業を経営できる。このような動機に基づき半導体の水平分業が開始された。圧倒的なマイクロプロセッサー設計技術を持つ半導体メーカーなら設計技術で他社と差別化できるから，設計通りの半導体を量産してくれる請負企業さえあればほとんどリスクなしの商売ができる。それに対し，TSMC のようなファウンドリーがデバイス開発リスクと量産リスクを引き受けたのである。その結果，半導体企業は続々と IDM からファブレスへと鞍替えし，それと並行して新たに多数

のファブレスが設立された。IBM や AMD は自社の半導体生産部門を GF（Global Foundry）に売却し，ともに半導体ファブレス企業になった。結果，ファブレス企業群は量産段階でのリスクなしに膨大な利益を手にするようになった。2023 年の半導体企業の売上高トップ 10 のうち，4 社がファブレス（Nvidia, Qualcomm, Broadcom, AMD）で占められる状態に至っている。例えば 2023 年度の日立の営業利益率 7.77％に対し，Nvidia のそれは 54.1％にも達する。

　一方，生産段階での半導体事業リスクを引き受けたファウンドリー業界の方でも大きな変化が進行した。TSMC 一社による寡占化である。現在 TSMC の市場占有率は実に業界売上高の 50％以上を占めるに至り，先端ロジックデバイスの開発や量産技術のみならず，豊富な IP ライブラリーによる顧客に対する設計サポート力でも，他の追随を許さないような水準に至っている。TSMC の主要顧客を見ると，Apple，AMD，Nvidia，MediaTek，Qualcomm，Intel と錚々たる企業が並んでいる。IDM である Intel ですら，GPU や PC 用の CPU の生産の一部を TSMC に委託しているほどである。このような状況はファブレスにとっていいことばかりではない。TSMC がファブレスの生殺与奪の権を握ることになるからである。また特に Fin FET や GAA FET を使う先端ロジックデバイスの量産については TSMC としては大手顧客を優先せざるを得ず，その他のファブレスは後回しとなる。ファブレスにとって好ましいのはよりどりみどりのファウンドリーが選べる状態である。

　IBM から日本に打診があった大きな要因がそこにある。IBM は自社の半導体生産部門を GF（Global Foundry）に売却し，当分生産は GF が請け負っていた。しかし GF は 2018 年 7nm Fin FET 量産プロセス開発に失敗し，先端デバイス開発から脱落した。IBM はその結果 7nm デバイスの POWER 10 プロセッサーの量産を Samsung に委託することになった。今や IBM が先端ロジック生産を委託できるとすれば，TSMC，Samsung，Intel の 3 企業しか選択肢がない。ところが Samsung は 2nm および 3nm GAA FET のデバイス量産の歩留まりが上がらず，大苦戦しつつあり，歩留まりで TSMC に大きく水をあけられている。Intel に至っては自社のファウンドリー部門が膨大な赤字を計上し，

5.3 超 LSI 共同研での経験（電子線レジスト開発）とその後，及び日本の半導体産業について　141

自社からの分離を検討しているほどの状態にある。IBM としては他の保険を必死になって探さなければならない。恐らくそれがラピダス誕生のきっかけとなっている。IBM が本気で当てにしているかどうかは別として，ラピダスは IBM にとって数ある保険の一つである。

(2)　ラピダスは事業的成功が期待できるプロジェクトなのか？

　ある事業が成功するためにはそのための必要条件をすべて達成する必要がある。達成するにおいて「優」である必要は全くない。すべて「可」で十分である。多くの「優」があっても「不可」が一つでもあれば失敗する。ラピダスの場合，成功の必要条件を列挙すれば次の通りとなる。①投資資金の確保，②先行技術開発，③量産技術開発，④人材，生産設備の確保，⑤ EDA，IP ベンダーとの協業による顧客へのサービス体制の構築，⑥顧客の確保。ところがラピダスの場合，このすべてにおいて悲観的なのである。例えば技術面についていうと，TSMC は 2025 年に GAA FET 2nm の N2，2026 年にその改良版 N2P および 1.6nm 版 A16 の量産開始というロードマップを発表している。ラピダスの場合，早ければ 2027 年に GAA 2nm の量産開始ということになっている。2027 年時点で既に TSMC の後塵を拝している。また小池社長は全枚様式の小規模生産ラインを用いて少量多品種生産を行う RUMS というビジネスモデルを発表している。これは革新的ビジネスモデルでも何でもない。かつて小池氏が社長をしていたトレセンティテクノロジーズで氏が提唱していた方式の焼き直しにすぎない。小池氏はラテン語が好きなようだが，そもそもこの方式はトレセンティで成功したのだろうか？また小池氏は TSMC が相手にしないニッチマーケットを顧客対象にしていると述べているのを筆者は記憶している。しかしニッチマーケットを対象とした少量多品種生産のビジネスモデルでは 5 兆円規模の投資が回収できる可能性は極めて低い。

　これまで我が国における半導体ファウンドリー事業としては 3 つのプロジェクトが進行していた。台湾 TSMC が主体の JASMO，SBI と台湾 PSMC の合弁で進めていた JSMC，およびラピダスである。しかし JSMC では PSMC が業績不振を理由に撤退したため，現在白紙状態になっている。SBI としては半導体事業推進の方針は変えておらず，PSMC に代わる協業先を検討中と現段階で

は報道されている。JSMC もそうであったが，JASMO もボリュームゾーンである準先端分野のロジック半導体（主に 16nm から 55nm デバイス）の量産を目的としている。これは TSMC という既存企業が既存技術を使って実施し，既に顧客も確保している状態から始めるので，需要がある限り事業として成功する確率は高い。

　それに対してラピダスの方は JASMO とは基本的な点で異なる。一つは GAA による 2nm デバイス以降の先端ロジック製品を商品とする半導体事業を目的としたものであり，もう一つは TSMC のように現在走っている企業を基盤とするものではなく，投資資金，人材，生産設備，顧客および IP の整備を含む顧客へのサービス体制の構築等をすべて一から立ち上げるというプロジェクトになる。ラピダスの場合，小池社長の説明から考える限り，設計から後工程までやるということだから従来のファウンドリーというよりも Intel のような IDM に近い。この点でラピダスプロジェクトは，1976 年から始まり既存半導体企業が主体で構成された通産省超 LSI プロジェクト（超 LSI 技術研究組合）と根本的に異なる。

　超 LSI プロジェクトは IBM が開発を進めていた Future System への対抗プロジェクトという意味もあったが，もう一つの目的は半導体メーカーへのテコ入れと周辺産業の育成であった。半導体事業というビジネスモデルはそれに参加した日立，東芝，NEC，富士通，三菱電機においては既に機能しており，それに補助金を投入し各社の半導体事業を強化しさえすればよかった。ラピダスプロジェクトの目的は基礎共通技術の研究開発や既存企業へのテコ入れでもなく，新営利企業の立ち上げである。同じ国家プロジェクトとはいえ，超 LSI プロジェクトとは似ても似つかぬプロジェクトとなっている。

　以上述べたように，ラピダスの前途はかなり悲観的であり，大和を中心とした第二艦隊の沖縄特攻作戦を想起させるようなプロジェクトとなっている。ラピダスについては既にメディア上で多く議論されているが，悲観論が多い。ラピダス役員や LSTC 関係者のようなラピダス国家予算受益者を除けば，常識論で考えれば悲観論に到達せざるを得ないからである。ラピダスには 5 兆円の資金が必要と報道されている。単純に考えて，ラピダスと同じ 5 兆円を投入する

5.3 超 LSI 共同研での経験（電子線レジスト開発）とその後，及び日本の半導体産業について 143

ならば，ルネサスやキオクシアのような既存国内半導体企業，およびベンチャー企業を含む国内半導体ファブレスに投入した方が日本の半導体産業にとってまだ生産的な気がしてくるほどである。

（3）　今後の我が国の半導体産業の方向について

　ここでは議論の範囲を集積回路に絞って進める。上述のように我が国の半導体産業はこれまでメモリー分野では比較的健闘し，システム LSI 領域では弱いという点では一貫して推移してきた。メモリー分野では先端デバイス開発で競合状態にあるのに対し，ロジック領域では先端デバイス開発から早々と撤退し，MPU や GPU の設計技術に関しては全く歯が立つ状態ではない。ただし先端デバイスを使わないボリュームゾーンを対象とする ASIC メーカーはルネサスなど依然として健在である。

　2024 年 3 月に米国商務省は Intel に補助金 85 億ドルを供与し，融資 110 億ドルを提供すると発表した。加えて同年 9 月に国防総省向けの半導体製造で Intel が連邦補助金 35 億ドル獲得の見通しと報道された。今なら日本のメモリーメーカーに同程度の資金的援助を実施することによって劣勢状態から挽回させることは十分可能である。つまりテコ入れがまだ間に合う状態にあるといっていい。

　それに対し，先端システム LSI 領域での挽回策というのはかなり難しい。筆者はロジックデバイスに用いる先端 FET 開発技術を我が国が保持し続けるべきであるという考え方には賛成である。しかし先端デバイスでここまで後塵を拝している状態を考えれば，試作ラインで GAA から構成される小ロット LSI 程度までは何とかできるのかも知れないが，歩留まり向上等の量産技術を含む総合的な技術力で一気に追いつくことは極めて難しい。そもそも GAA FET 製造工程もこれまでの Fin FET 製造工程という基盤の上に構築される。その Fin FET 製造やその歩留まりを上げていくノウハウの蓄積が我が国には全くない。ここでは詳しくは議論しないが，追いつくためには段階ごとに進めていくしかない。国内のシステム LSI メーカーにとっても，Fin FET すべてが TSMC 頼みではいずれ問題が発生する。Fin FET の国産化が追いつくための現実的な方法の一つである。

もう一つシステム LSI 設計技術に関してはメモリーデバイス開発などとはかなり風土が違う開発体制が必要となる分野である。これも一気に日本がマイクロプロセッサーのアーキテクチャー開発などで主導権を取ることなど不可能と考えていい。そもそも何故この分野で我が国が一貫して後塵を拝してきたのかに関する要因分析さえ十分に成されていないだろう。コンピューターアーキテクチャー設計などは個人プレーに近い業務領域だという点において，そもそも日本の風土には合わないのかも知れない。可能性があるとすれば，国や国内企業などが半導体ファブレスを含む我が国ベンチャー企業に幅広く思い切った資金援助を実施することだろう。Nvidia にしろ，元はといえば画像処理プロセッサーに特化したベンチャー企業である。国だけでなく，最近半導体ベンチャーに出資するベンチャーキャピタルも現れ始めた。SBI は 2024 年 8 月半導体ベンチャーPFN（Preferred Networks）に 100 億円規模の出資を発表し，同じく SBI やルネサスなどが出資した半導体ファブレス EdgeCortix が 2024 年に AI チップの販売を開始した。ちなみにこのチップは TSMC の 12nm プロセスで作製されている。将来，有力なロジック系半導体メーカーが出現するとすれば，このようなベンチャー企業群から生まれてくる可能性が高い。その意味で，国や我が国のベンチャーキャピタル等がこれらベンチャー企業群を強力に支援することが世界の先端水準に追いつくためには死活的に重要である。

これまで述べてきたことは既存の Si テクノロジーの延長線上の話であるが，長期的な意味でそれよりもはるかに重要なことはそれ以後の話である。FET に関する IMEC のロードマップを見ても，現実的範囲で考えられるのは CFET 程度までであり，1.4nm デバイス以降についてはよく分からない状態にある。前述した通り，技術のトレンドを見ていくと一つの技術には必ず終わりがくる。その変化が急激か漸進的かは別として，この技術の変わり目にこそ我が国が主導権を握るチャンスがある。その意味で beyond 1.4nm テクノロジーの研究および開発にはこれまで以上の注力が必要である。アカデミアおよび国研の研究活動も重要であるが，ベンチャー企業を含む企業研究部門への資金的援助もそれ以上に重要である。筆者が東芝に在籍していた経験から申し上げれば，半導

体デバイスのある領域の先行研究開発については企業研究部門の方がアカデミアよりもはるかに進んでいる場合が多い。ただし企業においては不況が来るととたんに先行研究部門から研究開発費が打ち切られるのが通例である。これでは企業の持つ研究開発の潜在力を十分に生かしきれない。ここで詳細な議論は行わないが，この部分を効率的に下支えするための新たな予算投入システムの制度的構築も進める必要がある。

　最後に付け加えるとすれば，国家プロジェクトのあり方の再検討である。成功例といわれている通産省超 LSI プロジェクト（超 LSI 技術研究組合）では，基礎共通領域を担当した共同研からですら，電子線描画システム，電子線レジストおよび縮小投影露光装置等の事業化という成果が生み出され，我が国半導体産業の発展に有効に貢献してきた。それに対して，その後 ASET，SELETE，MIRAI，あすか，あすか 2，EUVA など多数の国家プロジェクトが実行されていった。その間，国内半導体企業に何が進行していったのか？ DRAM 事業からの撤退であり，先端 CMOS ロジックデバイス開発からの撤退であり，さらにはエルピーダの破綻とマイクロンによる買収およびオランダの ASML による EUV 露光装置の独占である。何故こうなったのか？ この問題に対する批判的総括を十分にやらない限り，国家予算が今後も無駄に使われる可能性が高い。ラピダスを見ているとその感を禁じ得ない。紙幅の都合上詳細な議論はできないが，この点は我が国の半導体産業を再構築するにおいて必要不可欠な作業である。

5.4　共同研のレチクル–ステッパー方式とその前後の半導体産業

第三研究室　千葉文隆（日本電気出身）

5.4.1　NEC 入社後の仕事と出会い

　NEC 入社から 3 年間は集積回路製品（IC）の品種担当，マスク設計，製品計画などユーザーと接する前線での経験しかなかった。そのため超 LSI の製造装置の開発やプロセスの基礎研究開発を行う大型国家プロジェクトである超 LSI 共同研究所への出向辞令が出たのには驚いた。また，装置の研究開発の経

験もない私が務まるか不安だった。そして何とか2年7か月の共同研での勤務を終えて帰社したが，NECには装置研究開発での活動する場がなく，再びユーザーと接するLSI製品開発の現場に戻った。短い期間ではあったが共同研での貴重な出会いや経験はその後の私のベースになった。

　私の超LSI共同研究所での装置開発とその前後の半導体開発に携わった期間は，日本の半導体産業の隆盛から衰退へと続く激変の時期とも重なる。私が経験したことは，超LSI共同研究所のひとコマとして書き留めておく必要があると思い筆を執った。

（1）　就職活動と入社後出合った先輩たち

　1973年，大学の4年生になり就職シーズンが来た。丁度その頃，日本電気の整流器の海外営業で飛び回っていた武野貴一さんの話を聞いたことがあった。そこで武野さんに日本電気のことを聞いたら「是非，日本電気に来なさい」と言って下さった。私は自動制御に興味があり，そこに行く希望を話した。武野さんが「それなら私の学校の先輩，産業オートメーショングループの参与高橋正さんを紹介しよう」ということになった。そこでNEC府中事業場で高橋さんにお話を伺い，さらに保証人もお願いした。

　こうしてNECの2人の先輩の名前を履歴書に記入し1974年入社した。最初の新人教育を経て，いよいよ事業グループの配属となった。何と希望の産業オートメーショングループではなく，電子部品を扱う電子デバイスグループとなり困ってしまった。

　支配人面接で個々の事業部への配属が決まる。面接日となり，大内淳義支配人と長船廣衛支配人の前に座った。最後に希望を言えるのは「ここしかない」と思い，「産業オートメーショングループで自動制御をやりたい」旨の話をした。長船支配人から「このグループから出せない」と言われた後，厳しい質問が次々振りかかってきた。長船支配人は，あの"名刀・備前長船"の子孫だったので，質問も切れ味鋭い刀そのものに感じた。

　最後にグループ内での希望する事業部を聞かれたので「装置システムに近そうな集積回路事業部を希望します」と答えたところ，それまでやり取りを黙って聞いておられた大内支配人が「よし分かった！集積回路で良いのだな！」と

発した一言で配属が決まった。

このことを保証人の高橋さんに話したら「大内さんで良かったね」と言われた。実は高橋さんが NEC に入社されたのは，大内さんにスカウトされたからだった。高橋正さんは大学の医学部で医用電子を研究していたが，大内さんが電子応用事業部・医用電子部時代にスカウトした医学博士だった。私が入社した 1974 年頃は医療機器事業部となり産業オートメーショングループに属していた。一方，大内さんは 1966 年に集積回路事業グループが誕生するや設計本部長に抜擢され，68 年に集積回路事業部長に就任され，その後，電子デバイスグループの支配人になっていた。医療機器事業部から離れていたが高橋さんとは強い繋がりあったのだった。

高橋さんからは，東京湾で船釣りした新鮮なキスの天ぷらやタコなど，さらに奥様の美味しい料理のご相伴にあずかりながら大内さんとの話を伺った。大内さんと一緒なって渡辺斌衡社長や小林宏治社長の前で事業説明した時のやり取りなどの様子を聞いた。私が仕事の成果の話しをすると我が事のように喜んで下さり，交流は亡くなる年まで 30 年以上続いた。高橋さんからは，特にその事業の歴史をよく研究することを教わった。

「さっき大内さんの所に釣った魚を届けてきたよ」などと，高橋さんから大内さんのこともよく伺った。大内さんは太平洋戦争中，海軍技術研究所で研究開発をされ，技術大尉で終戦を迎えた。大内さんの電気通信や医用電子，半導体での頑張りは「戦後復興」という意味が込められていたのかもしれない。大内さんは，後に副社長，会長を歴任された。

長船さんには『半導体のあゆみ』（C & C 文庫：1987 年）という著書がある。これには昭和 2 年の鉱石ラジオ作りから昭和 15 年「固体の帯域論」との出会い，昭和 24 年の「ミキサーダイオードの開発」，…米国 NEC Electronics 会長まで記載されている。この本は長船さんの挑戦の記録だが，NEC から半導体がなくなった今，「NEC の失敗はどこにあるか」と読み替えることもできる。

大内さんが長船さんの本の序文に次のような一文を寄せている。

「本書には著者の半導体とともに歩んで歳月が，自分自身の体験を中心にして誌されている。体験中心だから読む人に訴えるところが多い。また著者の視

148　　5　汎用型電子線描画技術とその周辺技術の開発

野，識見の広さゆえに，体験中心でありながら，そのまま日本電気の半導体の
あゆみであることはもちろん，世界の半導体のあゆみにもなっていると言えよ
う。また，過去の貴重な記録がよく残されていたと感心するとともに，これら
の資料が歴史の中に埋没する前に本書が刊行されたことを嬉しく思っている。

　半導体は近年多くの人の関心の的になっている。半導体の将来はどうであろ
うか，などということがよく話題になる。将来を予測するには過去のあゆみを
知らなければならない。半導体に関心を持つすべての方々に，本書の一読をお
すすめする。」

(2)　NEC 集積回路事業部

　大内さんの一言で集積回路事業第二回路技術部に配属された。部長は松村富
廣氏。第一回路技術部は社内の交換機・伝送・コンピュータなどの装置事業部
向けで，対する第二回路技術部は社外の民生品向けを主体にしていた。最初は
工業用 IC のグループに入り，中澤修治課長，青山宏主任の下で西尾さん，晴
山穹一さんに製品対応の仕方を教えていただいた。また『Integrated circuits』
の輪読会をしていただいた。タバコを吸わない私が困ったのは，ヘビースモ
カーの 2 人に挟まれたことだった。当時は事務所の机で喫煙するのは普通だっ
た。仕事はオペアンプ IC やスイッチ IC の製品担当となった。顧客からのク
レーム品をテスターなどの測定器で測り報告することであった。テスターには
「Fairchild」の銘板が貼ってあり，テストプログラムは紙テープでのインストー
ル方式だった。当時，NEC はフェアチャイルド社とのライセンス契約により
半導体を生産していたので，フェアチャイルド社製の装置がそこかしこにあっ
た。「米国にこれほど製造装置で抑え込まれていては，何時になったら米国を
追い越すことができるのか？！」と思ったものだった。

　半年を過ぎた頃だった。マスク設計をすることになった。RCA 社の
CMOS4000 シリーズの PLL 用 IC：CD4046 のセカンドソースの開発だった。
当時，セカンドソースの開発は半導体業界としては当たり前のことだった。そ
の頃，半導体工場の火災事故などがあり，製品を安定して入手することが顧客
にとって大きな問題となっていた。ファーストソースメーカーにとっても，セ
カンドソース品が出るのは製品が市場で認められたことで，結果的に売上増に

つながる利点があった。

さて，作業は手始めに IC のケースから溶剤を使って中のシリコンチップを取り出す。次にニコンの 1000 倍の顕微鏡にポラロイドカメラを取り付け，倍率はチップ上のトランジスタと配線がはっきり見て取れる程度に合わせる。ステージを縦横に移動させながらチップ表面の位置を変え，次々写真を撮る。数百枚の白黒のポライド写真が出来上がる。これをハサミで切りながらジクソーパズルのように切り揃え，糊で貼っていく。CD4046 の場合，90cm 四方の用紙に目一杯に貼った記憶がある。次に，そこからトランジスタと配線を追いながら回路図を作る。出来上がった回路図がファーストソースである RCA 社のブロック回路図と一致しているかを確認する。

いよいよマスク設計に入る。私が入社した 1974 年以前は手書きだった。製図台でマスク図を描いて，それをデジタイザーで XY の座標数値を拾ってマスクを製作していた。製図台の大きさに制限されて大きなチップの設計には限界があったはずだ。NEC では私が入社した年から米国アプリコン社アートワーク処理システム（略呼称：CAD（キャド））が導入された。そのシステムは 32 インチのモノクロブラウン管表示装置，キーボード，ライトペン，ミニコンピュータ，磁気ディスク（交換式 160MB ディスクパック），磁気テープ装置から成っていた。1 個のマスク設計に 160MB ディスクパックが割り当てられ，各設計者はパックを交換セットしながら作図した。つまり 160MB 以内に収まる設計データの小さな IC だった。

アプリコン社アートワーク処理システムは 1 台 2 億円くらいしたと思う。その導入のリーダーが若い杉山尚志さんだった。後に共同研への出向でご一緒になった。当時の 2 億円は現在の 5 億円くらいに相当するだろうか。まだ主任にもなっていなかった杉山さんが講師で，その 2 億円のマシンの操作教育を受講した。ハード的に見れば，現在のノートパソコンの方が，当然，性能ははるかに上だが，ブラウン管の画面を見ながら，ライトペンとキーボード操作をするだけでマスクデータが完成する。そのデータを磁気テープに収める。これらは当時の最高のハードウェアと巧みなソフトウェアで作り上げた装置で，ミスの入りやすい人手作業部分を省くことになった素晴らしいものだった。

さて，具体的な設計は，まず設計基準としてA4判の青焼きの設計基準を1枚渡された。ゼロックスのコピー機もない時代で，トランジスタのサイズやコンタクト，配線の最小間隔が方眼紙に手書きされたものを"青焼き"したものだった。アートワーク処理システムの作業机で先のポライド写真を貼った拡大チップ図を見ながら，ライトペンとキーボードを操作しながら隅の方から作図していく。その際，青焼きの設計基準に基づいてトランジスタ，コンタクト，スルーホール，配線などを最小，最短の矩形や線幅で描いていく。

現在は小学生でもパソコンは普通に使いこなす時代だが，当時，キーボードに触れる機会もない時代だった。私もこの時が初めてだった。すべてが恐る恐るの操作だった。当時，月給が8万円の時代に，この装置の1時間使用料が6万円だった。予定の時間までに作業が進まない時は早朝6時に出社し，2時間作業した。これは時間外であったので使用帳に記載しなかった。つまりノーチャージの隠れ作業をして遅れを取り戻した。何とか磁気テープに設計データを収めた後に，一気にパターンゼネレータに掛けてレチクルマスクが出来上がる。この1個のマスクを縮小ステップ・アンド・リピート装置に載せ，ウェーハサイズのマスクに縮小投影露光を縦横に繰り返す。その結果，1cm角程度のチップパターンが碁盤の目状のマスターマスクに出来上がる。最後にこのマスターマスクをコピーしてワーキングマスクが出来上がる。このワーキングマスクをいよいよウェーハの上に重ねて密着露光する。（以下の拡散工程，組み立て工程などは広く半導体テキストに書いてあるので省略）

一方，それまでの古い工程では，先の手書きマスク設計図からデジタイザーでXY座標値を人手で拾い磁気テープに入れる。精密製図機のカットテーブル上に赤色透明のマイラーフィルムシートが置かれ，磁気テープのマスク各層の図形データに従ってカッターにより矩形を刻んでいく。次にシートに刻まれた矩形部分を女子工員の方々がピンセットで剥がしていく。これをピール（Peel）という。ライトテーブルを真ん中にして3，4人がこの作業に当たる。当時，3交替制で女性達も夜間作業に携わった。2m四方の大きなライトテーブルを囲んでピール作業を行う。細かい作業で注意力が必要だった。作業室は女性達の活気で緊張の中にも賑やかで和んだ。ピール作業の後，このフィルムをガラス

乾板に焼付ける。暗室の中で，縮小投影装置の前にこのフィルムを立て，その3m程先にガラス乾板を立てかける。そして露光現像する。次にこのガラス乾板を薬品処理して，チップ1個のレチクルマスクが出来上がる。

　試作はこのように多くの人手を介し，苦労して行う。その結果，リーク電流があったり，動作しなかったり等のミスが日常的に発生する。そこで各作業工程でミスがなかったか検証することになる。例えばピール作業ミスの検証ではライトテーブルの上にフィルムを広げ，ミスの箇所を探す作業を行う。その検証ではピンセットで傷を付けたことにより辺がほんの少し削れていたり，矩形が取り残されていたり等の原因を発見することになる。また，密着露光ではワーキングマスクの一部に極小の傷が付いているのを見逃し，歩留まりを下げたりする。こうした原因を探すのは一苦労だった。これら人の手が入る古い工程でのマスク制作の数々のミスは大きな機会損失だった。それを解決したのがアプリコン社のアートワーク処理システムで，従来の方法を劇的に変える大きな効果があった。

　1980年代以降と比較するために，1970年代の集積回路開発・試作製造の現場を長々と書いてしまった。このような状況だったので，規模の小さなICから超LSIへの道のりは遠く感じた。この状況は1980年代に超LSI共同研究所の成果である各装置が市場に投入されると一変するのであった。

　このCD4046の評価報告書を書いていた頃，急遽，半年前に立ち上がった新設のマイクロコンピュータ技術部に異動することになった。この時点でCD4046は私の手から離れた。

(3)　マイクロコンピュータ技術部

　この頃，NECはマイクロコンピュータ技術部を急激に強化しており，その製品計画グループに所属した。4ビット，8ビットのマイコンの開発に目途を付けて，16ビットを開発中だった。マイコンビジネスはそれまでの半導体・集積回路商品のカタログ商売と異なり，ソフトウェア開発ツールとプログラムライブラリの充実が非常に重要だった。そこでマイコンも汎用コンピュータ的な商売を見習う必要があった。そのためには，汎用コンピュータの製品計画本部的な組織も必要と考えたのだろう。その製品計画本部から村野明夫さんが異

動され，私はその下に付いた。そこには 1 年半ほど在籍し超 LSI 共同研に出向した。そこで製品計画の "いろは…" の "い" 程度まで学んだ。普段の業務はマニュアル類の発行やイベント支援など IC 設計から離れたものだった。

　ある時，部長の松村富廣氏が本社の重役会議でマイコンビジネスのプレゼンをされることになり，私にスライド写真を作成するように指示が出た。当時はパソコンもないのでプレゼン資料作成も手書き原稿をイラストデザイナーに依頼して綺麗な図形や文字を手書きし，それをカメラで撮影しスライド写真を作り，投影機で壁に映し出すのが最高のやり方だった。私も出入りのイラストデザイナーと交渉して，原稿の色配分を指定し，20 枚ほどのスライド写真を完成した。もちろん「金額は高くなってもよいから最高のものを作ってくれ」と依頼した。松村さんは重役会議で無事プレゼンされたようだった。スライドの内容は現在でいえば "マイコン初歩" 程度の内容だった。しかし「小指の爪ほどのシリコンチップにマイコン機能がすべて収まる」という松村さんの弁舌爽やかな説明は，重役全員にマイコン時代到来を告げるのに十分だったのではないか。

　当時，マイコンを説明するとき「皆さんの家には何個のモーターがありますか？」「扇風機，洗濯機，換気扇，いずれそのモーターと同数のマイクロコンピュータが家庭に入ります」と話していた時代だった。集積回路 IC がトランジスタラジオ，ブラウン管テレビなどに使われ始めたばかりで，マイコンのような大きな LSI は皆無の時代だった。現在，マイコンはおもちゃにも使われ，身の回りでそれは数え切れない。

　松村さんは私が最初に配属された時，第二回路技術部長だった。当時，電卓戦争に突入し NEC は N チャンネル MOS の LSI を開発し，電卓戦争で勝利しつつあった。この頃の代表的な商品は電卓カシオミニ（1972 年 8 月 3 日発売）で，それまで 10 万円以上した電卓が 1 万円で登場し，爆発的な売れ行きとなった。そのようなこともあり，松村さんは 40 歳で部長になった。そして 1975 年に発足したマイクロコンピュータ技術部の部長も兼務された。その後，NEC 副社長，トーキン社長を歴任された。松村さんは大内さんのお気に入りの一人だった。大内さんは新規ビジネスをバリバリ切り開く松村さんタイプが好み

5.4 共同研のレチクル - ステッパー方式とその前後の半導体産業　　153

だったのではないか。また，半導体ビジネスでは製造装置や工場建設に莫大な資金確保が必要で，電卓のような儲かるビジネスが必須だったのだろう。

　第二回路技術部のような民生品系集積回路部門から超 LSI 共同研究所に出向したのは私一人だった。超 LSI 技術研究組合への出向は，コンピュータと電子交換機に関係する第一回路技術部系が主体だった。松村さんの目には，そこかしこに儲けが散らばっているのが見えていて，人手はいくらあっても足りない状況だったのだろう。

　いま少し，私のマイクロコンピュータ技術部時代を続ける。米国に出張した人がゲーム機を持ち帰っていた。昼休みにテニスゲームや銃撃戦ゲームで遊んでいた。市場調査のため，業務時間にも操作した。白黒ブラウン管表示の最も初期の電子ゲームだったが「これからは電子ゲームの時代になる！」と感じた。

　マイコンを様々な機器に採用してもらう売り込みも活発に行われていた。初期にインパクトのあったのは編み機へのマイコン搭載だった。4 ビットマイコンを使ったものが最初だった。菅谷宏さんが編み機メーカーを担当しプログラム開発を全面的に請け負っていた。完成した編み機の発売は大変な反響だった。編み物教室は戦後豊かになった 1960 年代から全国に急激に広がっていった。マイコン搭載の"電子編み機"はマイコン時代の到来を広く知らせるのに大変な効果があった。

　半導体工場でもマイコン搭載が始まっていた。海上電機のワイヤボンダーへの 4 ビットマイコンの搭載は，それまで人間が手操作で 1 本 1 本のワイヤーを接続していた大変な作業を一変させた。装置に半導体チップをセットしてボタンを押すだけで自動的にボンディングをしてくれるようになった。それまで人手作業を担っていたのが女子工員の方々だった。彼女達の交替時間になると，事業場の構内道路が一杯になり，私などは道の端に寄って歩くのがやっとだった。それが"マイコン搭載ワーヤーボンディング装置"の登場により構内道路が歩きやすくなったのだった。

　製品計画グループの横にマイクロコンピュータ販売部の応用技術グループがあり，後藤富雄さんと加藤明さんが"ボードコンピュータ TK-80"の開発をしていた。発売決定の最後のチェックとして，私が『組み立て手順書』通りに動

くか，マイコン，メモリなどを半田ゴテでプリント基板に固定し，動作確認を行った。その結果で発売 GO が出た。発売は 1976 年 7 月だった。販売技術部長の渡辺和也さんの机もそばにあり，秋葉原ラジオ会館にサポートセンター（Bit-INN）を開設し，宣伝エプロンを着けて奮闘されていた。開発の松村富廣さんといい，販売技術の渡辺和也さんといい，大内さんの人選は時代を的確に捉え，最適な方々を配置されていた。

その頃（1975 年）の私は，「今どんな仕事をしているのか？」と聞かれると，「現在，学校の教室 1，2 個分を占有している汎用大型コンピュータを，将来，マイクロコンピュータで机の上に載せたり，アタッシュケースに入れるように頑張ってます」などと答えていた。現在，1kg 以下のノートパソコンとして実現している。

そのような 1977 年 8 月夏休み明け，松村部長より「今度，超 LSI 共同研究所に出向してもらうから」と言われた。ビックリして「私より相応しい人が他に沢山いますよ」と言ったが，「決まったから」と内示された。次に堺満雄課長とは，私「ここに戻ってこれますか？」，堺さん「来れるよ」と言われた。常木誠太郎事業部長のところに顔を出すと「他社の人のところに行くのだから問題を起こさないように」ということだった。その後直ぐ，堺課長に手を引かれて川崎・宮崎台の超 LSI 共同研究所に向かい垂井康夫所長にご挨拶した。堺課長は NEC のマイクロコンピュータ開発の元祖で，後に山形日本電気等の社長を歴任された。9 月に宮崎台勤務が始まると，私はこのマイクロコンピュータ技術部に戻ることはなかった。

5.4.2　超 LSI 共同研究所での仕事と出会い

（1）　ハイブリット電子ビーム描画装置 VL-R1

1977 年 9 月から超 LSI 共同研に通い始めた。東芝出身の方々の第三研究室に入り，武石喜幸室長以下皆さんにニコヤカに迎えていただき少し安堵した。電子ビーム描画機設計者の鷲見昌彦博士の助手をすることになり隣に座った。鷲見さんはパラメトロン計算機など多数の発明品がある後藤英一教授に博士論文審査をしていただいたそうである。鷲見さんから最初に渡されたのは "電

5.4 共同研のレチクル‐ステッパー方式とその前後の半導体産業　155

気–機械ハイブリット形電子ビーム描画装置（VL-R1）"の基本特許で，電子
ビーム鏡筒と試料台を制御しながら，レチクルマスクパターンを電子ビームで
照射する一連の処理方法が書かれていた。まだそれは申請中で，開示前の明細
書だった。LSIパターン描画データ処理に見事な情報圧縮伸長技術が使われて
おり，システム全体が手品のトリックのように巧みに組み合わされていた。何
十回も繰り返し読んだ。鷲見さんは考え事をするとき，目を細めて何かを頭か
らひねり出す方である。また，理学部物理学科の出身にもかかわらず電子部品
の扱い方にもことのほか詳しい方だ。流石に後藤先生の門下生だと思ったもの
だった。

　入所してほどなくVL-R1が搬入されることになった。その図体の大きさに
ビックリした。試作機だったので大きかったのだろう。共同研究所の居室は，
日本電気中央研究所のC棟の3階全フロアを使っていた。したがって，床荷
重強度はそれほど強化されていなかった。$1m^2$当たり850kgくらいだったと記
憶している。荷重を分散させるために鉄板が敷き詰められた。その上にVL-R1
の本体が載った。がっしりした定盤に試料台と鏡筒が載った。天井には鏡筒メ
ンテナンス用のホイストも設置された。ミニコンTOSBAC-40Dのラック類が
その周りに設置された。鷲見さんの指示で市松模様をベースにした色々なテス
トパターンを作成した。二宮正治さんや田原忠次さんにクロムのフォトマスク
ブランクスにレジストを塗ってもらい，試料台にセットし，テストパターンを
電子ビームで描画した。描画を終えたマスクブランクスを取り出し，再び二宮
さんや田原さんに現像をお願いした。その後，光学顕微鏡で電子ビーム偏向の
度合いや繋ぎ目などの確認を繰り返した。

　VL-R1はメカトロニクスの塊だった。さらにナノオーダーレベルを制御する
精密機械でもあった。それは例えると100kmで走る自動車が0.07cmの電子
ビームを路上のXY座標に正確に照射することに相当する。また自動車は一直
線に走らず横に絶えず多少ブレながら進むのでビーム照射に常に補正を加える
必要がある。当時の分子ポンプやロータリーポンプ等の真空ポンプは能力が低
かった。その真空装置の中で高真空を保ちながら高速に試料台を動かすのであ
る。

156   5　汎用型電子線描画技術とその周辺技術の開発

　現在，ノートパソコンの動作周波数は数 GHz で動く。当時のシステムを制御するミニコンピュータの動作周波数は 20MHz 程度であり，現在の百分の一である。すべてが能力不足である。装置の構築には数百通りの組み合わせが考えられる。通常なら，そのどれから始めてもすぐに行き詰まり，頭を抱えてしまう状況だった。このすべて非力な中で，鷲見さんが装置としての最適解を見付け出した訳である。大学院を卒業されたばかりで，半導体業界の経験も乏しい方だったが，東芝はその若い鷲見さんに掛けたのだった。鷲見さんの考えを取り入れ，装置に仕上げてしまう総合電機メーカーとしての技術力を持っていた。私はその度量に驚いた。一方，弱電だけの NEC には，とても出来そうにないと思ったものだった。

　VL-R1 の基本構想は，武石室長が米国ベル研究所を訪問したとき描画装置 EBES を廊下の窓越しに見せてもらい，その後，ロンドンに向かう大西洋上の機中で色々考えたものだった。三研の会議で，そのとき構想したスケッチを見せながら説明していただいた。スッキリしたスケッチに綺麗な字で構想のポイントが書かれてあった。

　トランジスタ発明の先駆者であり，ラスター走査形電子ビーム露光装置の元祖のベル研究所も，鷲見さんの革新的発想の端っこまでは辿りついていただろうが，すぐに行き詰まり，放棄したのではないか。結果，ベル研は VL-R1 を超えるものは発表していない。レーザー描画に転進した。

　一方，IBM もこの時期に直接描画方式に見切りを付け，鷲見さん方式に気が付き，特許網を抑えていたらどうなっていたか。そして共同研より 2 年前に豊富な資金力で装置を完成していたらどうだったか。コンピュータ業界で一人勝ちの状態になり，さらに半導体業界の勢力図も大きく変えてしまっていただろう。

(2)　転写装置 VL-SR1 / VL-SR2

　第三研究室では篠崎俊昭さんが 2 種類の紫外線転写装置の開発を指揮されていた。最初に期日通り搬入されたのは等倍投影形ステップ・アンド・リピート転写装置 VL-SR1（キヤノン担当：図 5.8）だった。それを見て篠崎さんが嬉しそうにパイプ煙草を燻らせておられた。等倍転写 VL-SR1 は，搬入時点でほぼ

仕様通り完成しており，その後の手直しは少なかったと記憶している。

それからほどなくして，縮小投影形ステップ・アンド・リピート転写装置VL-SR2（通称：ステッパー／日本光学担当，現ニコン：図5.9）も搬入された。この装置の定盤が墓石に使うような御影石で厚さが20cmほどもあったので，これにも驚いた。装置の設置面積は1m²くらいだったが重量が1トン近くもあった。荷重を分散させるため，梁の上に近づけるとともに鉄板を敷いた。これはレンズのニコンが全精力を注ぎ込んで開発したもので，レンズ以外は余裕を持って大きめに作られているようだった。共同研が解散し，装置を撤去した跡を見たら，床がその重量で湾曲していた。なお，もちろんその後の量産機には御影石は使っておらず軽量になっている。このことからステッパーの導入には床荷重を強化した工場の一階しかないと思ったものだった。ニコン機はレンズ優先だったためか，マイコンを使った制御部は遅れていた。そのため，搬入後も共同研でマイコンのプログラム開発を行っていた。しかし，その後の両社の結果は，レチクル描画に不可欠なニコンのステッパーが爆発的に売れた。

この2つの転写装置のマイコンは，キヤノンがモトローラの6800で，ニコンがNECの8080AFを使用していた。私は出向前に8080AF等のマニュアルを担当していたこともあり，6800と8080AFの比較をしていた。設計は6800がミニコンに近く，8080は電卓から進化して来ていた。当時，キヤノンは大口径レンズ作りには弱いが，マイコンを器用に使いこなしていた。エレクトロニクスの使い方が上手なのに感心した。その後，スナップ写真しか撮らない私は，ニコンのような高級レンズのカメラは必要ないので，エレクトロニクスを上手に使いこなすキヤノンのカメラを買うようになった。

（3）　共同研で出会った方々

武石喜幸室長は朝8時前には入室されていた。そして朝刊5紙（日刊工業新聞，電波新聞，日経産業新聞，日本工業新聞，日本経済新聞）の記事に赤鉛筆で切り取りチェック入れを，始業前の8時30分までに済ませておられた。切り抜きは秘書役の安斉里美さんが行い，それが研究室で回覧された。これで我々は常に最新の情報を入手することができた。週に1回，朝1時間会議があった。武石さんの話は説得力があり，無駄がなく，そのまま文章化できるも

ので会議が待ち遠しいものだった。「CMOS もこうして引っ張ってこられたのだろうな」と思った。六研の川路昭室長が武石さんに「どのくらい勉強するのか」と聞いたら「毎日夜中の 1 時まで勉強している」とおっしゃったとのこと（この時 50 歳）。このような方が競争相手となると大変だな，と思った。

　武石さんの趣味は音楽鑑賞で，特にモーツァルトとのことだった。共同研旅行のとき，夕食後の余興でモーツァルトのドイツ語の歌唱曲をアカペラで見事に歌われ，ビックリした。このとき，二研の岡田浩一さん（NEC 出身）が，カンツォーネを同じくイタリア語で歌われた。共同研には多才な方々が多いと，つくづく思ったものだ。

　あるとき武石さんが「俺は旗本の子孫だ」とおっしゃった。確かに江戸っ子という感じの方でもあった。1980 年，共同研が解散し私が NEC に戻ったとき，武石さんからハガキを頂戴した。「梅雨のうっとうしい天候ですが，お元気のことと存じます。日本電気に復帰されて，また新しくご活躍されることを願っております。三研でのお仕事が無駄でなかったことを祈りします。」とあった。また武石さんが亡くなる前年 1990 年の年賀状に「フェアで行きましょう」と書かれてあった。私は NEC がアンフェアなことをしでかしたのではと心配し，聞いて見ようと思ったが叶わなかった。武石さんのご逝去は，東芝ばかりでなく日本の半導体産業にとって大きな損失だった。

　東芝出身で四研の高須新一郎さんはシリコン結晶とウェーハの権威だ。篠崎さんが新しいレンズを入手すると，それを聞きつけて三研までニコニコしながら「見せて欲しい」と押し掛けてこられた。同じく何か技術的に面白いことがあれば「ねね！ねね！聞いて聞いて…」と押し掛けてこられた。あるとき外出で共同研から宮崎台駅までご一緒することがあった。トレードマークの大々容量のボストンバックを肩に掛け，話しをしながら駅までご一緒した。昼のガラ空きの車内で，バックから買ったばかりの A4 サイズの製図板（スケール定規もスライドレールで動く優れ物，ドイツ製？）を取り出して「見てみて，良いでしょう！！」と子供のようにお話しされた。また，チャックが開いたバックの中は色々な文具で一杯だった。それらは銀座の伊東屋で手に入れたものばか

りではないかと思った。論文のアイディアが思い浮かぶと，出先でそれらの道具を使い，写真や図を駆使し作成されている高須さんのお姿を想像した。いつもニコニコされていた高須さんは大黒様のような感じの方だった。トレードマークの大々容量のボストンバックは背中に背負った大きな袋で，バックの中の文具は打ち出の小槌ではないかと思ったものだ。高須さんの知的生産技術の秘密を見た思いがした。解散後，年賀状のやり取りで，私が「パソコンPC9800のLSIを開発しています」と書いたら，翌年「私もPC9800を使っている」との年賀状をいただいた。また，共同研旅行の夕食後の余興で，高須さんと事務局の古庄六郎さん（三菱電機出身）が腕を振り，体全体を動かしながらリズムの良い洒落た歌を唄い出した。お二人は海軍兵学校の出身だったのだ（当時：50歳？）。戦前は海軍兵学校の制服姿で街を歩くと若い女性達が皆振り返ったとのこと。多分，お二人も同様だったろうと想像した。

　入所したばかりの私は，半導体の製造装置開発の右も左も分からない状態だった。電子ビーム描画技術など全く知識もなく，図書室で手掛かりを探していた。図書室にいた方に最も基本的な質問をしたところ，丁寧に教えていただいた。幼稚で恥ずかしい限りの質問だった。後で分かったその方は企画室の鳳紘一郎さんだった。「鳳・テブナンの定理」の鳳秀太郎先生，その息子の誠三郎先生，孫の紘一郎先生と電気・電子の三代はやはり違うなと思った瞬間だった。なお，秀太郎先生の妹は，歌人与謝野晶子さんである。

　根橋正人専務理事主催の月1回の飲み会は楽しみだった。普段，聞けないザックバランな話を聞けるからであった。また高価な外国のウイスキーやワインが飲めるためでもあった。当時，関税が高くて外国産のウイスキーやワインは"口"にできなかった。論文発表などで海外出張した方々のお土産は，持ち帰り本数制限の酒類だった。それらが何本もテーブルに並べられた。どなたかが「こんな事があった」と言えば，根橋さんがウィットに富んだ一言で応答された。そして皆の笑い声が部屋一杯に広がった。事務局の方が用意してくれた"おつまみ"とお土産の酒で時間が過ぎるのを忘れたものだった。この会には

160 5 汎用型電子線描画技術とその周辺技術の開発

毎回30〜40人が参加していた。

　共同研に通い始め，新しいテーマに苦闘していた。根橋さんは私と同じ町内にお住まいで，根橋さんのお嬢さんと妻が小中学校の同級生だということが分かり，共同研を少し身近に感じた。解散後，年1回の同窓会でお話しすることが続いた。お亡くなりになる前年「生まれはどこか？」と聞かれ「岩手県です」と応えたら，「俺の親父は二戸（岩手県）の片倉製糸の工場長で，俺は福岡中学（現：福岡高校）出身だ」とお話しされた。根橋さんは長野県茅野のご出身と聞いていたので意外だった。

　片倉製糸紡績は，現在は片倉工業㈱と名前を変えている。世界遺産の「富岡製糸場」は片倉工業が登録前まで保全し続けて来た老舗企業である。私が小さい頃の昭和20〜30年代，岩手県には県北の二戸に一個と，私の地元県南の千厩と更に陸前高田に工場があった。地域に企業らしいものは"片倉製糸"しかなく，地域経済を支える唯一の工場だった。戦前，地域の上級学校も「養蚕学校」で，大叔父達はそこで学んだ。さらに大叔父の一人はわざわざ遠い京都まで行き，高等蚕業学校（現京都工芸繊維大学）で専門的に学んでいた。我が家の親戚はじめ地域の農家は，蚕を飼い，生糸を片倉製糸に納入していた。

　私は，大叔父の蚕の餌である桑の葉の木に登り，桑の実を食べ口の中を紫色に染め遊んでいた。時には大叔父の大事な桑の木の大枝をポキッと折ってしまい，逃げ帰ったりしていた。親戚の叔母は片倉製糸に勤め，優秀な技能を持っていたので良縁を得たりしていた。

　根橋さんの父上が二戸の工場長となると，その地域の名士中の名士だったはずだ。根橋さんは旧制福岡中学卒業後，旧制第二高等学校（仙台）に進学し西沢潤一先生と同級生だったとか。岩手県出身の大谷翔平選手がメジャーで活躍している。ご健在だったら大谷選手や福岡中学と私の母校・盛岡中学（現盛岡一高）の野球対抗戦のお話をすることが出来たのに，と思ったりしている。

　共同研に通い始めた頃，半導体業界は電子ビーム描画にまっしぐらに突き進む状況だった。私は電子ビーム描画に関する情報を集めることに苦労していた。NEC入社時の新人実習がブラウン管事業部での電子銃やブラウン管の組み立

てだったこともあり，同事業部の内記一晃さんに電子ビーム偏向の論文などを
いただいたりしていた。結局，NEC には電子ビーム描画に取り組んでいる者も，
詳しい者もいないということが分かった。そのような時，NEC 出身で一研の
西貞明さんから文献の輪読会をしようと声を掛けられた。テキストは『走査電
子顕微鏡 装置編』（オートレイ著，紀本静雄訳）。輪読会は西さん中心に二研
の吉田卓克さん，六研の中村明智さんと私の NEC 出身者だけの会だった。週
1 回 1 時間ほどでしばらく続けた。他の方のことは知らないが，私は出向する
とき NEC 側から言われたことは，ただ一言「問題を起こさない」だけで，何
か成果を持ち帰ることなどは言われていなかった。NEC の企業グループであ
る住友グループも電子ビーム描画装置を開発できる企業を持っていなかった。
自力開発は無理なので，将来，一研，二研，三研のどの描画装置を購入すべき
か話し合った。西さんは私にいつも声を掛けて下さり，また，時には宮崎台の
居酒屋に誘われ御馳走になった。不安な気持ちも落ち着いた。

　1 年に 1 回，親元 NEC 側主催の慰労会があった。宮崎台の居酒屋の 2 階に
20 人ほどが集められた。集積回路事業部から松倉保夫部長，中央研究所から
篠田大三郎部長，電子デバイス企画室の大倉金吾さんが出席され，皆の話を聞
いてくれた。こちらからの話しを聞いてくれるだけで，親元 NEC 側から特別
な指示などはなく，松倉さんがとつとつと「この国家プロジェクトの目標を皆
で協力し達成して欲しい」とお話しされた。個人的に目ぼしい成果を出せてい
ない状況だったので「まだ親元から見放されていないな」とホッとする瞬間
だった。

　一研（日立）の描画装置を見せていただいた時，市橋幹雄さん（後，名古屋
大学）が電界放射電子銃形描画装置（VL-F1）の電子ビームの鏡筒に抱きつく
ように作業されていた。「ここの箇所の難しい所はどんな事ですか？」と質問
すると丁寧に答えていただいた。市橋さんには「電子ビームのことは何でも聞
いてくれ！」という圧倒的なオーラを感じ，このような方のいない NEC が描
画装置を開発することなど，とても無理な話だと感じたものだった。

　共同研に通い始めて，事務方の女性達を大変眩しく感じたものだった。その

女性達は全員 NEC からの出向者だった。私が出向前にいた NEC 玉川事業場とは全く違い、才色兼備の女性達だった。また、共同研と同じ敷地内の NEC 中央研究所の女性達とも違っていた。「我が NEC も人選に相当気を使っているな！」と思った。競合他社の方々が多く出入りするだけでなく、政府関係、海外からの賓客を迎える場合を考えて、恥ずかしくないようにしたかったのだろう。

　NEC 中央研究所のあった田園都市線は政府機関の集中する霞が関に直通することを目指して開通した。当時、人気の田園都市線の車窓から宮崎台駅付近に近づくと、突然、白亜の中央研究所が目に入ってきた。NEC も会社イメージ向上のためにその場所を選んだのだと思う。多くの若い学生達が応募したはずだ。採用した中から、さらに超 LSI 共同研への出向となった選りすぐりの女性達だった訳である。共同研の独身の男性達も彼女達を放って置くことはなかった。結局、四組のカップルが誕生した。内訳は三菱 2 組、東芝 1 組、日立 1 組だった。「皆さん手が早いな」と思うとともに、「流石にお目が高い」と拍手を送ったものだった。

　出向して 2 年経った 1979 年 11 月頃、翌年 3 月に復帰先を考えなければならない時期になった。私は出向元のマイクロコンピュータ技術部から離れて 2 年も経過し、同期からも遅れてしまっていた。別な道を探すことにした。二、三か所あたったが良い返事をもらえなかった。そのような矢先、六研の杉山尚志さんが「今度、システム LSI 開発本部という所ができる」「俺はそこに行く」とお話しされた。シリコンチップの中にシステムを構築する "システム LSI" という呼び名に、超 LSI 技術を使った時代の到来を感じさせるものがあり、杉山さんに「私もそこに連れて行って欲しい」とお願いした。

　もうその頃には、第三研究室の皆さんの会話を 2 年以上聞いていたので、電子ビーム描画装置でレチクルマスクを作り、それを縮小転写のステッパーで露光するという第三研究室の考え方にすっかり染まっていた。

　三研は普段から主任研究員の佐野俊一さん、転写装置の篠崎俊昭さん、レジストの猪股末吉さんのフランクな会話で賑やかだった。LaB$_6$ の中筋護さんは

5.4 共同研のレチクル - ステッパー方式とその前後の半導体産業　163

色々なアプローチをされていた。レジストグループの加藤博久さん，溝口孝麿さん，島崎有造さん，佐伯英夫さん（三菱），そして量子力学でアプローチされていた多田宰さん達は，可能性のあるすべてのレジストの開発検証に取り組まれていた。また，森一朗さんはホトカソード，西岡久作さん（三菱）はプラズマ，相崎尚昭さん（NEC）は三研もレチクル描画だけではなくウェーハへの直接描画を狙っていたため，ウェーハへの位置合せマーク構造に挑戦されていた。私は皆さんの研究開発風景を傍で拝見させていただいていた。実験結果が不調時の顔や良好な時の顔を見て，開発の進捗を推し測った。

　私は鷲見さんの指示のもと，描画実験を繰り返し，電子ビーム制御の難しさを経験させていただいていた。鷲見さんは開発当初より「本命は直接描画でなくレチクル描画である」との確固たる科学技術的背景と独自の技術的嗅覚で開発を進めておられた。当時このレチクル描画は開発の主流から外れ異端に近く開発反対も大きかったようだが，鷲見さんの考えは自然に私の考えのベースになった。そして私自身は，当時の真空ポンプ（分子ポンプ，ロータリーポンプ）は能力が低く，ウェーハを載せたカセット交換などに時間が掛かること，また電子ビームの照射でレジストが偏向板などに飛び，チャージアップしたときの鏡筒の分解清掃に和田寛次さんが苦労されていたこともあり，それらのメンテナンスに対しメンテナンス技術要員を養成するのに NEC では相当に時間が掛かると考えた。また先行の日立，富士通，東芝に大きな遅れを取ることを心配したが，当面，NEC はできるだけ常温常圧環境をフルに使った三研方式の生産体制で乗り切るべきだと考えるようになっていった。

　また，いずれ一研の直接描画機，二研の直接描画機が完成したら，それを速やかに購入し，一気に体制を整えるべきだとも考えていた。この一気体制は NEC の得意なスタイルだった。

　結局，親元 NEC は三研東芝方式の「レチクルマスク → ステッパー方式」を取り入れた。それはどこの誰からの情報で決定したのか知らない。超 LSI 共同研の出向者の意見を総合したものなのか，東芝機械，日本光学からの売り込みなのか分からない。いずれにしても親元は自分達の技量をわきまえ，レチク

ルマスクは外注して，ニコンのステッパーを大量に購入した。

5.4.3　NEC システム LSI 推進開発本部

（1）　ゲートアレイ LSI

　NEC に 1980 年 4 月 1 日，社内装置事業部対応だけのシステム LSI 推進開発本部の発足日と同時に復帰した。集積回路の上にシステムを構築するという「システム LSI」という名称は，超 LSI 時代が到来したと感じさせるものだった。

　システム LSI 推進開発本部は約 100 名の内，7 割は装置事業部出身で，後の 3 割は半導体グループの出身者だった。共同研からの復帰者は六研の清水京造さん，杉山尚志さん，藤木國光さん，中村明智さん，一研の西貞明さん，そして三研の私の 6 名だった。

　これらの方々の下で私が主に担当したのが，社内装置事業部に対してのゲートアレイの立ち上げと普及だった。装置の競争力は，市販されているマイクロコンピュータとメモリだけを搭載しただけでは得られない。他社にない特別な機能，性能を備えて初めて優位に立てる。そのカギを握る一つがゲートアレイ LSI である。

　装置グループから見れば，競争に勝つためのスペシャルな LSI は喉から手が出るほど欲しかった。ただし，NEC 製品は民生用ではなく業務向けが主体のため，ほんの少数しか必要ない。

　ゲートアレイ方式は古くはマスタースライス方式とも呼ばれた。この方式は大型コンピュータの開発時などには，トランジスタ論理ゲートなどの素子を作り込んだ半完成状態までのウェーハを製造し，在庫しておく。つまり予め作業工程の面倒な拡散工程は済ませておく方法である。顧客が必要とする回路を，残りの配線工程以降を使って作り込む。これなら大型コンピュータに専用回線を介して端末を繋ぎ，論理回路シミュレーション設計で簡単にシステムを構築することができる。

　半導体の少量多品種ビジネスが本格的になったのが 1980 年代である。私がゲートアレイに本格的に関わったのは 1983 年 4 月からだった。この頃，半導

体製造は超 LSI 共同研究所で開発した「レチクルマスク → ステッパー方式」を取り入れたものが本格的に立ち上がる時期に差し掛かっていた。

　ゲートアレイ（G／A）担当は上司若松茂久さん，新入社員の蝦名正樹氏，他 1 人でスタートした。私にとって G／A は全くの素人なので，立ち上げから苦労した。その後，G／A には 12 年近く関わり 5000 品種を開発した。

　社内営業を開始して 2 か月間は注文無しの状態だった。顧客は「そのように簡単に LSI 開発ができるのか？」と我々の力を疑っていた。その時，最初に顧客になって頂いたのがパソコン PC9800（PC98）の部隊だった。前年 1982 年10 月に初代機が発表され人気になっていた。初代機はマイコン，入出力コントローラ，メモリ以外は標準 TTL ロジック IC が 40～50 個ほど使われていた。それらの小さなロジック IC を 9 個ほどの「TTL-1」G／A で置き換えることになった。9 種類の G／A の内，1，2 個ほど顧客側の回路手直しで再試作した。当方側のミスはゼロだった。これは PC-9801E／F として発売され，高速化と小型化，コスト低減に大いに貢献した。その後，この実績を聞きつけたり，様子見していた部門から次々と注文が入ってきた。それら一つ一つを丁寧にこなした。ここでも当方側のミスはほとんどなかった。こうして顧客の納期通りLSI が顧客の手元に渡った。この評判が広がって，気が付いたら初年度で 100品種ほど受注していた。

(2)　CMOS ゲートアレイ

　我々部隊の発足 2 年目に，2 層アルミ配線 CMOS ゲートアレイ “CMOS-1” を市場に投入できた。NEC が東芝と戦える CMOS がやっとできてきた。PC98の部隊からゲートアレイでの CMOS 化の打診があった。CPU はインテルの8086 系である。問題は CPU8086 の周辺 LSI チップセットである。G／A のマクロ機能ブロックライブラリを提供する必要があった。具体的には 8224 クロックジェネレータ，8251USRT シリアル通信，8254 インターバルタイマ，8255パラレル I／O インタフェース，8257DMA コントローラ，8259 割り込みコントローラ等のマクロ機能ブロックライブラリの回路提供であった。

　急ぎ集積回路事業部から情報を得て G／A 式の設計を行い，ピンコンパチブルのマクロ評価サンプルを作成した。ピンコンパチブルとは，ケースとピンが

同一で装置にそのまま挿し込むことができるもののこと。そのチップを同形の
セラミック DIP ケースに特注ボンディングしたり，同じく同形のモールド
DIP ケースに特注のリードフレームを起こしてボンディングした。出来上がっ
た評価サンプルをパソコン部隊はじめ，NEC 装置事業部内に 200〜300 個配布
し，装置評価をお願いした。

　幸い，問題は出ず一発でリリースできた。このマクロ機能ライブラリのリ
リースの反響は大きかった。8086CPU の周辺 LSI を半減でき，消費電力低減，
さらなる小型化やコスト低減に貢献した。これは NEC 装置事業部だけでなく，
外販部隊の G／A 売上げにも大いに貢献した。さらにインテルのマイコンの
シェア拡大にも一役買ったはずだ。こうして，PC9800 シリーズの後継機
9801M の発売も順調にいき，さらにシェアを拡大できた。そして，この年度
も受注は好調で 400 品種になった。もう誰にも素人集団と言われなくなってい
た。

　CMOS ゲートアレイの初期からレチクル→ステッパーという生産体制で進
んでいた。先に記したようにレチクルマスク製作は外注だった。G／A の受注
が増えてくると，マスクメーカーである凸版印刷や大日本印刷からも定期的な
需給予測のヒヤリングを受けた。私は共同研在籍から超 LSI 生産はレチクル→
ステッパーと考えてきていたので，ヒヤリングに確信を持って臨んでいた。

　当時，G／A は 1 品種につき 5 枚から 7 枚のマスクが必要で，さらにバック
アップとして 1 セット追加となる。年間 500 品種として 5000〜7000 枚が必要
であった。G／A の最大の売りは「短納期」だった。私としては増え続けてい
る受注の納期を確保したいという強い思いがあった。外注先のレチクル生産を
円滑にするためには，電子ビーム描画装置（EB）の増設が必要と考えていた。
そこで自分なりの半年先までの予測を毎回話し，増設に協力した。NEC 内の
装置事業部を隈なく回って話を聞いていたことと競合他社の動向も見えていた
ので，予測はある程度当たっていたと思う。

　共同研の同窓会で，武石さんの後任室長だった谷田和雄さんに「今，何して
る？」と聞かれ「G／A の開発です」とお話しすると，「是非，俺の所の電子

5.4 共同研のレチクル-ステッパー方式とその前後の半導体産業　167

ビーム描画装置を見に来ないか」とお誘いを受けた。その時，谷田さんは東芝総研から保谷硝子（現 HOYA）の理事になられ，EB を使ったレチクル生産事業を始めていらした。谷田さんの耳にも NEC のレチクルマスクの外注量の多さが届いていた。谷田さんのお招きに，清水部長の許可を得て八王子市郊外の山奥の研究所に向かった。研究所長の谷田さんに東芝機械の電子ビーム描画装置を廊下から見せていただいた。中には 20 歳代の若い精鋭が 5〜6 人働いていた。紹介されたどの方も，皆優秀だった。「谷田さんはよくこれほどの方々を集め，立派な施設を造られたものだ。流石，谷田さん！」と思った。クロム・マスクブランクス・メーカーの HOYA のやる気を感じたものだった。

　所長室の谷田さんは「俺は共同研で開発したものでビジネスを始めた第一号だ！」とパイプ煙草を燻らせた。谷田さんは真空装置の専門家で親分肌の方だった。帰りに八王子の老舗の料亭で御馳走になった。八王子は江戸時代から織物の街で栄えた趣のある所である。女将が挨拶に来て，板長が酒と肴の説明にやって来た。谷田さんは HOYA に移り，八王子に研究所を開設されて間もないのに，すっかり八王子の顔になっておられた。谷田さんに NEC のマスク発注のキーマンの情報を耳打ちした。そのキーマンは私が共同研から戻る際から相談していた方の一人で，実家が造り酒屋だった。「酒にはうるさいかもしれませんよ」と谷田さんにお伝えした。その後，大日本印刷と凸版印刷に発注していたレチクルの，どれ位を HOYA が受注されたか聞こうと思っていたら，残念ながらその声を二度とお聞きできずに，お亡くなりになった。

(3)　回路設計部隊の立ち上げ

　システム LSI 開発本部の G／A として広く浸透したこともあり，私は NEC と NEC ホームエレクトロニクスのほとんどの事業部や開発本部を訪問してヒヤリングと受注活動をしていた。どこでもフランクに開発に関して話していただき，装置開発計画が頭に入ってきていた。半導体グループの中でも，社内の装置事業部や開発本部のほとんどを廻ったのは私だけだったと思う。

　受注品種が増えてくると，顧客側の発注量の大きな事業部や大きなプロジェクトには窓口の方が立った。その窓口の方の前で，毎月，回路設計状況から完了時期，サンプル要求時期，量産数量を双方の関係者たちとトレース会議を開

168　　5　汎用型電子線描画技術とその周辺技術の開発

き，装置発表や出荷時期に合わせてスケジュール調整した。

　社内での受注が増えると他社の売り込みも激しくなってきた。価格競争はよ
くあった。私には価格決定権がなかったので，トータルで顧客が満足する方法
を考えて対抗した。他社から設計者が不足している所には設計丸抱えで攻め込
まれた。対抗策として，我々も回路設計部隊を立ち上げた。元々，開発本部と
しては「装置側が必要な LSI は自分で開発するのが基本」だった。したがって，
我々の回路設計部隊は，開発本部のミッション外の事項だった。私は競合他社
の実力を知ることと，装置事業部的な回路設計力をつけておくことが将来役立
つと考え，周りを説得して回路設計部隊を作った。この作戦で重要な商談は対
抗阻止し獲得できた。

　半導体屋としては回路設計力が大きな力になり，自前の設計集団を持つこと
で価値を増す。G／A 素人集団で発足した当初，上層部は我々にそれほど期待
もしていなかったと思う。ただ単に装置事業部の顧客の設計シミュレーション
ファイルを受け取って，試作・量産化できればよい程度の考えしかなかったと
思う。しかし，私は半導体屋も回路設計力やシステム設計力を持たないと，激
しい時代の変化に対応できないと考えていた。また G／A は，他の LSI である
マイコンやメモリ，汎用 LSI，カスタム LSI からは軽く見られていた。その要
因の一つが回路設計力だった。

　このようなことも奏功して競合他社の G／A を寄せ付けなかったと思う。そ
の結果，受注はさらに増え続け発足 5 年ほどで累計 2,000 品種になった。社内
成果展示会で，2,000 品種情報を 1 品種ずつプリンタに 1 行で打ち出し，そこ
に装置商品カタログを切り抜き貼り出したら畳 8 枚分になった。説明員の私は，
それを背景に当時副社長の大内さんに説明した。少し恩返しができたかなと
思った。

（4）　USB インタフェース

　PC98 の初期のものは周辺機器の接続コネクタ類が大きく，またケーブル類
が太いので小型化の障害になっていた。例えばプリンタ接続は RS-232C 変換
ケーブル I／O 拡張ユニットと大きな多ピンコネクタと多本数ケーブルを使用
していたので，場所も取り邪魔だった。そこで登場したのが USB インタフェー

スだ。インテル，マイクロソフトに NEC が加わり共同開発した。NEC は我ら
が G／A 部隊の大内陸夫氏を中心に，回路設計部隊も加わり，シリコンバレー
で設計した。装置評価に PC98 部隊も協力し 1996 年リリースした。これはイン
テル系 CPU が業界を圧倒する大きな転換点になった。もちろん，これを G／A
の機能マクロブロックライブラリにいち早く取り込み，PC98 に搭載しシェア
拡大に貢献した。USB は電源を落とさずに抜き差しできるという大きな利点
がある。USB はあらゆる機器に影響を与え，USB の搭載が始まった。これに
は NEC の汎用品 USB や G／A が必要になるため，売り上げに多大な貢献をし
た。現在，USB はスマートホンでも標準インタフェースになり，さらにそれ 1
本で充電もできるまでに進化した。

　この業務に携わる前，業界雑誌情報では「セミカスタムは 5〜20 万個に適す」
と書かれていたが，実際に始めて見ると予想外のことがしばしば起こった。当
然，売り上げも伸びた。

　こうして，2,000 品種の後も年間 700〜800 品種，ある時は 1,000 品種近いこ
ともあり，私が手がけてから 12 年くらいで 5,000 品種になっていた。PC98 シ
リーズには 2 代目の E から終焉となるまで，すべて関わらせていただいた。

5.4.4　時代の潮目，ビジネスの変化

　ビジネスには時代の潮目，変化がつきものだ。

　パソコン PC98 はすべてがうまく循環し NEC にとってドル箱だった。半導
体グループにとっても CPU，メモリ，G／A，グラフィック LSI，FDD など自
社製品満載だった。

　インテルも黙っている訳がない。CPU の V30 の特許紛争が始まった。詳細
は知らないが，再び PC98 にインテル製品の搭載が始まった。インテルの 32
ビット，64 ビットのロードマップが公表された頃だった記憶がある。それら
が完成すると汎用大型コンピュータの領域に入ってくる。この頃，インテルに
はモトローラ，IBM などとの戦いに勝利する構想が出来上がったのだろう。
このロードマップの作成の根拠になったのも，自社製造ラインに共同研の成果
である「レチクル → ステッパー方式」を導入して，実力を実感し，その延長

線から考えたものだろう。

　ある時，インテルの新規 CPU 搭載パソコンには，インテルの認定が必要となった。世界中のパソコンが体育館のような建物に集められ認定を受けることになった。インテルは CPU の高集積化，高速化に伴うソフト継承性をチェックして，インテルの信頼度を増したいというのが名目だった。しかし，本当の狙いは別にあったと思う。「パソコンの LSI はすべてインテル製品にする」であり "インテルインサイド"「Intel inside」の始まりだった。これによりインテルへの評価機提出で開発が 2 か月前倒しとなり，PC98 開発の大きなしわ寄せとなった。また，PC98 の独自性も徐々に薄くなっていった。

　NEC の半導体は，元々，社内の強力な通信とコンピュータの装置事業のための半導体や IC を生産するところから出発している。装置ニーズの仕様や使い方や動向を，自社の優秀な装置エンジニアに手軽に聞くことができた。これは装置マーケットに疎い半導体屋にとって大変有り難いことである。しかし NEC の装置と競合する外部メーカーへの売り込みは情報漏れを警戒されて困難となる。半導体屋はすべての装置メーカーに可愛がってもらうのが一番だ。NEC の装置部隊が好調な時は半導体部門も良いが，不調になると半導体部門も一気に形成が悪くなる。その点，インテルなど半導体専業メーカーは世界中の顧客に可愛がってもらえるという訳だ。半導体専業屋は，兼業半導体屋に比べて営業活動では苦労はするだろうが，これにより自然に足腰が鍛えられ会社は存続する。

　私が入社した 1970～80 年代，NEC は「総合エレクトロニクスメーカー」を標榜していた。私もそれに会社の将来性を感じたものだった。個々の事業が一斉に拡大し，色々な展開を打って頑張る。全方位での頑張りは，人も金もどんどん必要になる。気が付くと兵站が伸びきった状態になり，相互での協力もできない状態となる。その際，1 箇所でも決壊すると前進も後退もできず，個々に孤立してしまう。

5.4.5　おわりに

　私が超 LSI 共同研究所で電子ビーム描画装置の開発に従事していた頃，「半

導体は産業のコメ」と叫んで人々の関心を引くのに必死だった。ところが今や半導体はすべての機器に搭載され，国・企業・個人のあらゆる場面でなくてはならない存在になってしまった。これは正に「半導体が現代文明のエンジン」となったと言ってよい。

さらに半導体が経済安全保障と並んで新聞記事の主要テーマの一つとして，連日報道されている。国の繁栄には国力の総合的な強化が必要である。国家安全保障戦略では，国力の主な要素は外交力，情報力，防衛力，経済力，技術力，人材力として議論されている。これら議論一つ一つに半導体が関わる。それは「強靭な半導体産業を持つことが国家の命運を握る」ことを意味しており，「一国の盛衰は半導体にあり」と言うことができる。このことを端的に示した提言を以下に掲げる。

「各国政府が経済安全保障政策に躍起になる中で，産業・技術基盤強化のために政府がどこまで支援（Promote）すべきか，そして懸念国へ重要な物資や技術が流出しないよう，どこまで防衛（Protect）すべきか，のさじ加減が難しくなっている。とりわけ半導体は，一国の産業・技術基盤を強化し，先端半導体を開発・製造できれば国富を増やせる可能性を秘める一方で，懸念国に軍事転用されれば国益を脅かす危険もある。その重要性をどこよりも強く認識し，戦略産業として官民で半導体を育成してきたのが台湾である。台湾の TSMC は半導体の製造に特化し，Apple を始めとする世界中のメーカーから製造委託するファンダリ事業で成長した。一方，中国でも半導体産業が盛んになっている。中国に対抗しつつ，台湾に急所抱えるグローバルな半導体サプライチェーンを強靭化するため，米国，日本，欧州が半導体産業強化のための産業政策を展開してきた。ただし中国に対抗するという意味では志を同じくする西側諸国であるが，各国の企業はグローバルに熾烈な競争を繰り広げている。

また，外国との取引には国内にはないリスクがある。例えば政治的に不安定な懸念国との取引に依存することは，経済的にうまみはあってもリスクを伴う。そのため重要物資や技術の防衛策が大切になるわけだが，過度な防衛策は保護主義と紙一重である。したがって，同盟国・同志国の間で連携（Partnership）を深めることも欠かせない。政府間で支援策を調整し，規制の調和（regulatory

172   5 汎用型電子線描画技術とその周辺技術の開発

harmonization）を図ることが大切である。さらに懸念国による不当な経済的威圧に対する共同防衛は，経済的威圧への抑止にもつながる。経済的威圧に対抗する意思を表明し，もし経済的威圧があれば共同で対抗措置をとることも有効である。いずれにせよ，どのような産業・技術について，具体的にどのような手段をとるべきか，その対策の絞り込み（Targeting）が施策の有効性を高める前提となる。つまり，絞り込み，支援，防衛，連携の「TPPP」が，経済安全保障政策の要諦と言えるだろう。」（田所昌幸，相良祥之共著『国際政治経済学（第2版）』名古屋大学出版会，2024年6月，198～200頁）

　超LSI共同研究所は「基礎的・共通的」を標語として研究開発が行われた。それらは微細加工技術，結晶技術，プロセス技術，試験評価技術，デバイス技術である。その成果が超LSI時代の扉をこじ開け，今日の半導体世界を切り開いた。そして，この「基礎的・共通的」研究開発の成果は，次世代の超々LSIまでも見通した広いものになっている。今後も共同研の中に研究開発のヒントを見つけることができるだろう。

　半導体の歴史はここ70～80年と短い。その産業の魅力から多くの失敗と成功の記録が残されている。記録が多いということは，研究開発や事業のヒントも見つけやすいということである。

　半導体チップは美しい。半導体チップの中に技術者と経営者の夢が詰まっている。これからも厳しい開発競争は続くが，興味が尽きることはない。それが半導体だ。

参 考 文 献

1) 滝川忠宏：SEMI News vol.28, No1 p.40.
2) 奥山幸祐：半導体の歴史　その22　20世紀後半　超LISへの道，SEAJ Journal 2012.1 No.136, p.40.
3) 馬場玄，伝田精一：実公昭47-34960, 昭和47年10月23日
4) 中瀬真，篠﨑俊昭：RESOLUTIONAND OVERLAY PRECISION OF A 10 TO 1 STEP-AND-REPEAT PROJECTION PRINTERFOR VLSI CIRCUITFABRICATION, IEEE

TRANSACTIONS ON ELECTRONN DEVICE, Vol.ED-28, No.11 (1981.11), p.1416.

5) 廣田義人：半導体露光装置ステッパーの開発，普及とその要因，技術と文明，12 巻 2 号 (2001.8)，p.27.

6) 木下博雄：X 線縮小投影露光装置，特公平 7-89537，平成 7 年 9 月 27 日

7) 伊藤元昭：半導体の微細化に不可欠な EUV 露光技術の現状とこれから，Telescope Magazine，サイエンスレポート（2023.10.18）.

8) 垂井康夫 & 共同研究所員：「超 LSI 共同研究所物語」，アマゾン Kindle 版.

9) T. Tada: *J.Electrochem. Soc.* **128** (1981), p.1791.

10) T. Tada: *J.Electrochem. Soc.* **130** (1983), p.912.

11) A. Aviram and M. A. Ratner: *Chem. Phys. Lett.* **29** (1974), p.277.

12) H-N. Yu, A. Reisman, C. M. Osburn and D. L. Critchlow: *IEEE J. Solid State Circuits* **SC-14**, No.2 (1979).

13) T. Tada: *J. Phys. Chem. A*, **127** (2023), p.7297.

6 結晶技術

6.1 Si ウェーハの作製

第四研究室　松下嘉明（東芝出身）

　超 LSI 共同研究所第四研究室では，半導体素子製造の基板となるシリコン（Si）ウェーハ技術の研究開発を担当した。Si ウェーハは，単結晶 Si 棒（インゴット）から切り出されて作製されるが，元の Si インゴットは図 6.1 に示すようなプロセスで製造される。

　まず原料である硅石を還元し金属シリコン（Si）を作製し，それを精製して単結晶用の原材料となる多結晶 Si を作製する。この多結晶 Si から浮遊帯溶融法（FZ；Float Zoon 法）または引き上げ法（CZ；Czochralski 法）により Si インゴットが製造される。超 LSI 用の基板となる Si ウェーハは，大口径基板が用いられるため FZ 法は困難であるため CZ 法が主に用いられる。CZ 法では，石英るつぼ内に原料多結晶 Si を入れ，周囲からカーボンヒーターで加熱溶融し，細い単結晶 Si 棒を種結晶として Si 融液から大口径の単結晶インゴットを引き上げている。詳細は文献 1) 参照。Si の溶解温度は 1,414℃ と非常に高いため，石英るつぼが溶解することにより Si 融液中に酸素が溶け込み，またカーボンヒーターや支持るつぼ等から炭素が混入することにより，後に述べるような微小欠陥発生やウェーハ変形に大きな影響を与えている。

　なお，現在ではウェーハ口径が 300mmφ と非常に大きくなっているため，磁場をかけて融液対流を制御した MCZ 法（Magnetic field applied Czochralski 法)[2] が主流になっている。しかしながら当時はまだ MCZ 法は開発途上にあり，

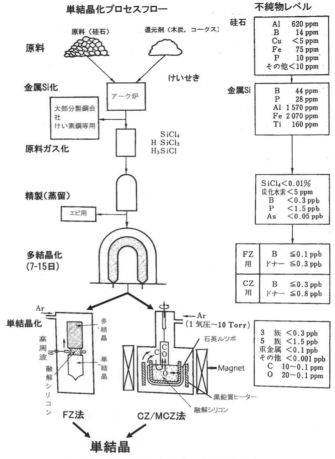

図 6.1 Si 単結晶育成プロセスと不純物レベル

CZ 法が主流であったため，ここに紹介するデータは当時の CZ 結晶をベースとしたデータであることをご了承願いたい。

　CZ 法で作成された Si インゴットから，薄板状の Si ウェーハが作られる。製造工程の概略を図 6.2 に示す。Si インゴットは内周歯のダイヤモンドカッターにより薄板状に切断されウェーハとなる。このウェーハの表面形状と清浄度を整えるため，エッチング，ラッピング，ポリシング，洗浄の工程を経て Si の

6.1 Si ウェーハの作製　　177

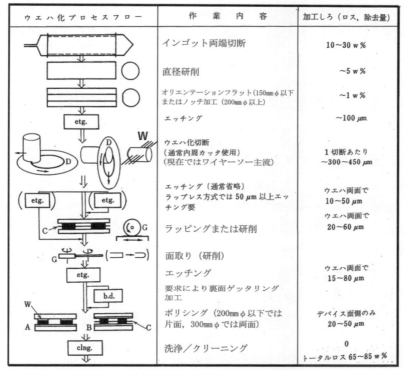

図 6.2　Si ウェーハの機械加工プロセス

鏡面ウェーハが製造される。各工程の詳細は文献 1) を参照。ここに示したのは当時（〜125mmφ）のプロセスであり，現状の大口径ウェーハとは異なっている。すなわち，200mmφ以降では方位指示としてノッチが採用され OF ではなくノッチ加工を行っている。切断も内周歯では困難になりワイヤソーが採用されている。また 300mmφ では両面鏡面ウェーハが標準化[3]されたため，ポリシングは両面ポリッシュ法が行われている。詳細は文献 4) を参照。

　超 LSI 共同研究所では，Si ウェーハの作成はウェーハメーカ各社にお願いするとして，Si ウェーハをデバイス製造プロセスに投入した際，基板ウェーハ起因の影響について検討を行い，ウェーハメーカと共同して Si ウェーハ品質

を向上することを目的とした．次節以降では，主な成果であるウェーハのそりと変形，微量不純物測定および微小欠陥制御について当時のデータを基に紹介する．

6.2 ウェーハのそりと変形

第四研究室　松下嘉明

6.2.1 ウェーハのそりと変形の定義と測定法

Siウェーハがデバイス製造工程に投入されると，ウェーハ上に微細パターンが投影される．露光の許容範囲を上回るウェーハのそりや変形があると像ボケを生じ不良の原因となる．そのため，ウェーハのそりと変形の厳密な管理が必要となり，その検討が行われた．当時は，そりに関し系統的な研究がなされておらず，そり等の言葉の定義が明確ではなかったため，まず次のように定義して検討を進めた（図 6.3 参照）．

1) そり；生ウェーハの非固定状態における表面の平均的形状
2) 変形；熱処理などによって誘起された塑性ならびに弾性変形
3) 平坦度；平均形状からの局所的ずれ
4) 平行度；鏡表面側とその裏面間距離の平均的傾向

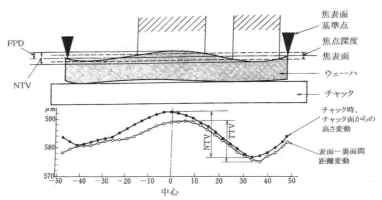

図 6.3　チャック時ウェーハの FPD，NTV，TTV の関連および露光焦平面，焦点深度との関係

5) NTV （Nonlinear Thickness Variation）；チャッキング時の基準面からの最高と最低のずれ量の和
6) FPD （Focal Plane Deviation）；チャッキング時使用露光装置焦表面からの最大ずれ量
7) 基準面；①ウェーハ外周に内接する正方形に近い領域内全測定点を用い最小二乗法で定めた平面（最確平面）。②被測定面上に選定した複数の点（主としてウェーハ周辺の正三角形を構成する三点）を通る平面
8) そり・変形の符号；ウェーハ表面上に曲率中心がある場合＋または凹，反対の場合を－または凸

上記で NTV, FPD はともに露光装置を念頭においた量であり，当時のウェーハ全面一括露光を前提としている。現在では，ステッパーのようにステップ＆リピート方式が用いられており，ステッパー側での傾き調整を行うため露光サイト内での平坦性（LTV；Local Thickness Variation や SFQR；Site Front least sQuares Range）や，さらに微小な凹凸（Nanotoplogy）が重要なパラメータとなっている（文献 4) 参照）。そり・変形の形状は種々あり，その代表例を図 6.4 に厚み変化とともに示す。そり・変形の測定法には機械的方法，電気的方法，光学的方法，X 線を用いた方法など多種多様であり，詳細は文献 1) を

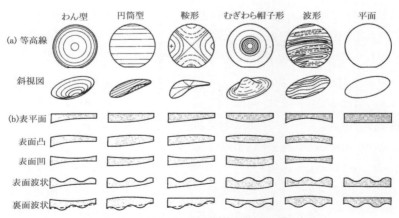

図 6.4 ウェーハのそり・変形形状とウェーハ厚み変動
(a) そり・変形形状の代表例　(b) 厚み変動表裏組み合わせ例

参照されたい．現在では，静電容量による方法や光学的方法が多用されている．本研究では，そり・変形の値だけではなく形状を分類しその符号を取り入れた．また塑性変形と弾性変形の区別も行った．ウェーハの熱処理による変形も重要となるが，これらの評価には新たに図 6.5 に示すような加熱時の変形測定装置を開発し，大口径 X 線ラングカメラと併用することにより詳細に検討を行った．

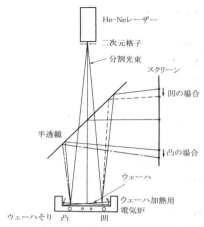

図 6.5　ウェーハ加熱時そり測定装置の概念図

6.2.2　切断条件との関係

いろいろなロットを調べてみると当時は凹凸が混在していることが確認された．そこで凹凸とチャッキングとの関係を調べると，機械的チャッキングや真空，電界チャッキングとも凹ウェーハの方が良好な FPD を与えることが分かった．また，熱処理による変形は凸型になることが多いので，初期ウェーハとしては凹ウェーハを使用することがよいと認められた．

以上の観点から，Si インゴットを機械加工する際，そり符号を制御する必要があることが初めて認められた．そこで，ウェーハ製作の際に切断順に番号を付与し，奇数番目は種子側面を，偶数番目は尾側面を鏡面研磨して作製し，そり測定を行った．その結果の一例を図 6.6 に示す．これらより，切断時にウェーハは反って切断され，鏡面加工面を種子側にするか尾側にするかによって定まっている．すなわち，鏡面研磨面をどちらにするかを十分管理することにより凹凸の制御が可能となる．

切断時のそりの発生原因として，①切断時のブレードのバックリング，②切断ブレード刃先自体の変位，が考えられた．切断中の刃先変位を測定してみると図 6.7 のようになる．ブレードのドレッシングを行うと反転し数枚後に安定するような挙動が認められ，ドレッシングに注意する必要があることが判明し

6.2 ウェーハのそりと変形　181

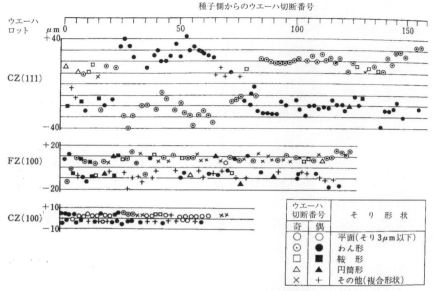

図6.6　種子側から番号順に配列したウェーハのそり形状（符号　＋：凹，—：凸）

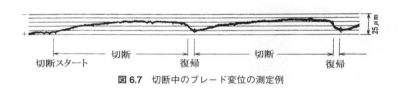

図6.7　切断中のブレード変位の測定例

た。

　なお，現状の大口径ウェーハ（200mmφ以上）では，マルチワイヤーソーを採用しているためドレッシングの問題はクリアーされている[4]。

　このように注意して試作したウェーハと，当時の市販品ウェーハ（125mmφ）のそり

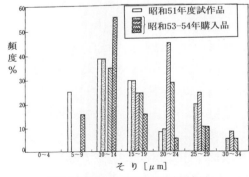

図6.8　Siウェーハのそり分布測定例

の分布図を図 6.8 に示す。試作品では，注意しながらドレッシングを行い切断し，十分エッチングし，種子側のみ鏡面研磨を行いラッピングは行わなかった。そり量の平均値は 13.2μm で，当時の市販品（15～20μm）に比べて良好な結果となった。しかし当時の最先端の微細デバイスにはこれでも十分とは言えなかったので，研磨圧を下げた非接着両面ポリシングを行ってウェーハを試作した。ポリシング前後の NTV の測定例を図 6.9 に示す。初期投入時のそりが大きくても，よく矯正されていることが分かる。

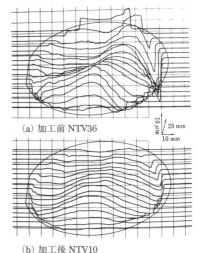

図 6.9 両面ポリッシュ前後のそり形状変化

この方法でそり 6μm 程度は容易に実現され，平行度 2μm と極めて良好な値を示した。この考え方は現在でも継続しており，300mmφウェーハでは両面ミラーウェーハとして標準化されている[3]。

6.2.3 熱処理によるウェーハの変形

LSI 製造プロセスでは，不純物導入，酸化膜や金属膜等薄膜形成，酸化，拡散などの熱処理工程など Si ウェーハに大きな歪みが誘起される。そのうち，特に大きな影響を及ぼす熱処理工程について検討を行った。大きな歪みの発生は熱処理炉へのウェーハの挿入，引き出し過程で生じる。ウェーハ挿入，引き出し時に中心部と周辺部に温度勾配が生じ，それによる熱応力により転位やスリップが発生し，塑性変形する。この塑性変形を理解するため，温度勾配を実験的に測るとともに理論的解析によるシミュレーションを行った。両者の比較を図 6.10 に示す。低温部で実験と理論の乖離が大きいのは，炉端部での炉心管内対流によるものと考えられる。挿入時では周辺部が先に熱くなり，周辺と中央部の温度差が 800℃ 前後で最大となる。引き出し時には，逆に周辺部が先に冷え中央部が高温になる。この温度差により，ウェーハ面内に応力が発生し，

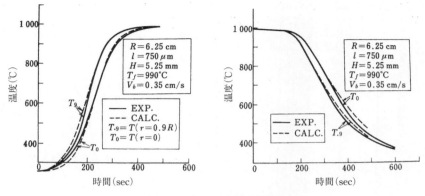

図 6.10 ウェーハ温度の推移

その応力が臨界応力を超えると，転位が発生して塑性変形する．図6.10に対応した応力の軌跡を図6.11に示す．最大温度差領域で応力が最大になることが分かる

LSI製造プロセスでは多数回の熱サイクルが繰り返される．そこで，多数回の熱サイクルを行った場合の変形量の変化を図6.12に示す．熱処理サイクルが多くなるほど，また高温になるほど変形量が多くなることが分かる．前者は一度転位が発生すると，その場の

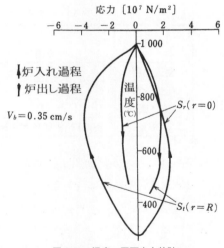

図 6.11 温度―平面応力軌跡

降伏応力が低下し[5]，転位の増殖，伝播が起こるためである．後者は，高温になるほど熱勾配が増大し，熱応力が大きくなり，高温での臨界応力低下が相まって転位の増殖，伸長が起こるためである．

繰り返し熱処理の変形形状を調べると，鞍型とわん型に大別される．それら形状の発生条件を表6.1にまとめる．また，わん型バックリング変形の場合，

184   6 結晶技術

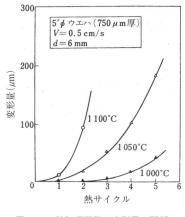

図 6.12 熱処理回数と変形量の関係

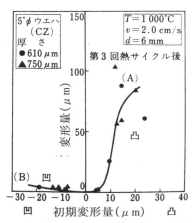

図 6.13 初期形状と熱処理後の形状との関係

表 6.1 熱処理による変形形状のまとめ

項目	変形形状	
	鞍型	わん型(凹、凸)
発生過程	そう入時	引き出し時
転位分布	周辺部	中央部
厚さ／直径	大	小
熱処理条件	高温・比較的低ボート速度	低温・高ボート速度

凹型か凸型になるかは初期状態により決定される。結果を図 6.13 に示す。初期変形量が多いと熱処理後の変形量も大きくなり，初期状態の管理が重要であることが分かる。

本研究は，横型炉を用いた時のデータであり，現在 200mmφ 以上では縦型炉が主流になっている。しかしながら，基本的な考え方は上に述べた考え方と変わらない。

6.2.4 ウェーハ変形に対する酸素の影響

ウェーハの変形は結晶中の不純物に起因するものもある。CZ 結晶中の主な不純物は酸素でありその影響について検討した。繰り返し熱処理を施した際の，酸素濃度とウェーハのそり量の関係を図 6.14 に示す。酸素濃度が高いほど，

そり量が低くなっていることが分かる。

その要因としては，①酸素原子個々の転位のピンニング効果，②酸素原子クラスターの転位ピンニング効果，③酸素析出の転位発生や伸長への影響などが考えられるが，どれが支配的なのかは明白ではない。デバイス製造工程のように高温で一定時間保持するような工程では，③の影響は無視することはできない。繰り返し熱処理を施すと，後で示すように酸素析出が発生しパンチアウト転位など転位が発生するとともに格子間酸素は減少する。その結果，降伏応力の減少[6]，転位の増殖，伸長が起こりそりは増大する。

酸素析出とウェーハのそりの関係を調べると，図6.15のようになる。同じ酸素濃度のウェーハを，1,050℃で析出量を制御した後1,000～1,100℃の熱処理を行ったものであり，析出量の増加とともにそりは増加することが分かる。

酸素の析出量の差は，転位の発生形態にも影響する。酸素析出処理を行わなかったウェーハ (a) と行ったウェーハ (b) に熱応力をかけた後のX線トポグラフ像を図6.16に示す。(a) ではウェーハ外周からスリップが発生しているのに対し，(b) では巨視的にはほぼ一様な分布となり大きなスリップラインは認められない。これは，析出物からの転位発生による転位ループの集合になるとともに，外周からのスリップは析出物でピンニングされてしまうから

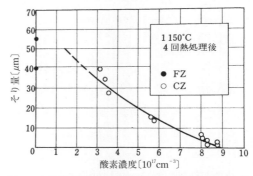

図6.14 繰り返し熱処理によるそりの固溶酸素濃度依存性

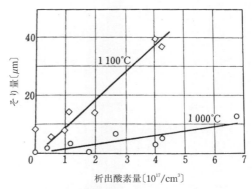

図6.15 酸素析出の熱応力によるそりに及ぼす効果

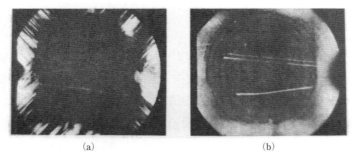

図 6.16 酸素析出を行わないウェーハ (a) と行ったウェーハ (b) の熱応力による転位発生の例 (X 線トポグラフ)

だと考えられる。

しかし,ウェーハのそりやすさは析出量だけに依存するのではなく,析出物の大きさ,密度およびその分布に依存する。800℃ 程度の比較的低温で析出処理を行ったウェーハでは,同一析出量の図 6.16 で示したウェーハよりはるかにそりにくい場合がある。また,比較的低温 (≦800℃) での低応力変形において,低温 (700〜800℃) で析出処理を行ったウェーハは,入手したままのウェーハより大きな強度を示す場合がある。これは,この温度帯域で発生する微小析出物が転位の運動を妨げたためであると考えられる。この析出物を均一に作ることにより,後述するイントリンシックゲッタリング効果を示すならば,より高温熱処理での析出物の粗大化が生じない範囲で,デバイス製造用の基板ウェーハとしては望ましいと考えられる。

6.2.5 ウェーハのそりと変形のその後の状況

ウェーハの外形形状に関しては世界的に標準化が進められ,標準ウェーハ規格として決められてきている[3]。また,SFQR 等の要求性能に対しては ITRS のロードマップに明記されてきている。したがって,ウェーハ初期のそりに関してはこれら規格を満足せねばならず,大口径化に伴いウェーハ加工工程も変化してきている。すなわち,ワイヤーソーの採用,研削加工法や両面ミラーポリッシュ法の導入等[4]を行い,Si メーカ各社は規格に合致するウェーハを提供するに至っている。各加工工程の条件設定は,各社のノウハウに属するもの

であり，その後の統一的な検討データは見られない。しかしながら，各社の条件設定に当たり本研究で行ったような基礎的・系統的な考え方を基に検討が行われ，条件が設定されている。

また，熱処理によるウェーハ変形に対しては，大口径化に伴い200mmφ以上では，縦型炉または枚葉炉が採用されている。縦型炉では，本研究で示した炉入れ，炉出しの際の熱応力の考え方は同じである。周辺と中心部との温度差に起因した熱応力に，縦型炉ではウェーハの自重応力が加わり，それが臨界応力を超えると塑性変形しウェーハ変形を起こす。この際，ウェーハの自重応力対策としてボート形状が大きく影響する。ウェーハの支持方法が重要であり，点支持ではなくリング状の面支持が主に採用されているが，ボート形状に関しては各社のノウハウに属することであり，各社最適形状のボートを用い熱処理を行っている。また，枚葉炉ではランプ過熱が用いられており，全面均一に温度が上がるよう設計されている。現状では，基板自身のそりより，デバイス構造の3次元化に伴う表面形状の変化の方が課題になっている。

6.3　不純物評価

第四研究室　田島道夫（電子技術総合研究所出身）

6.3.1　超LSI研における不純物評価

Si結晶中に含まれる不純物としては，結晶の電気的性質を決めるドーパント不純物，結晶育成中に炉の部材などからの混入が避けられない軽元素不純物，そして製造プロセス中での汚染などによる重金属不純物がある。超LSI研では，このうち極微量のドーパント不純物の定量分析，酸素・炭素不純物の高速・高精度定量分析に取り組んだ。

（1）　ドーパント不純物

ドーパント不純物は，Siウェーハをデバイスに適した導電型，キャリヤ密度にするために意図的に添加するP，AsなどのV族ドナー不純物，B，AlなどのIII族アクセプタ不純物である。出発材料中に残留ドナー・アクセプタ不純物があるとキャリヤ密度が狙った値からずれてしまうので，残留不純物はでき

るだけ低濃度に抑える必要がある。具体的には，原子比で 0.1ppb（100億分の 1）以下にすることが求められている。このような低濃度の不純物を測る手段として，従来は，抵抗率測定や低温赤外吸収が用いられていた。しかし，抵抗率測定では不純物種を特定できないし，ドナー・アクセプタ間の補償効果を把握できな

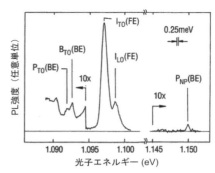

図 6.17 超高純度 Si 結晶の PL スペクトル

いといった問題があり，赤外吸収法では感度向上のため厚さ 5〜20mm 程度の特別に厚い試料を用意する必要があるという課題があった。そこで，当時まだ誰も試みていなかったフォトルミネッセンス（Photoluminescence；PL）法に取り組むことになった。

　PL 法は，半導体結晶にレーザー光を照射して過剰の電子・正孔を生成させ，それらが不純物起因の電子準位を経由する再結合過程で発生した光を解析することによって，不純物を評価する。GaAs，GaP などの発光素子材料の定性的な評価には用いられていたが，Si に対しては間接型半導体で発光は微弱であるため計測評価には適さないというのが通説であった。しかし，再現性を高めることに工夫を払い，正攻法で基礎から光学系を組んで臨んだところ，思いのほか容易にスペクトルが取得できた。図 6.17 は超高純度結晶の PL スペクトルで，Si 固有の発光だけでなく B，P 不純物起因の発光も明瞭に観測されている。検出感度は当初の目標を優に超え，原子比で約 0.1ppt（10 兆分の 1）という驚異的な値で，Si 結晶の不純物検出感度として最高値を記録した。これを背景に，国内外の機関から多くの試料を貴重なデータとともにいただくことができ，Si 固有の発光と不純物起因の発光の強度比が不純物濃度の尺度となるという発見に基づいた不純物定量法を発明した。

(2)　軽元素不純物

　超 LSI 用結晶は CZ（Czochralski）法で作製されるが，成長過程で Si 原料が石英るつぼで融解されるため，高濃度の酸素が結晶中に取り込まれる。濃度は

育成条件により $2\sim20\times10^{17}\mathrm{cm}^{-3}$ の範囲に制御している。先ほどの残留ドーパント不純物濃度と比べると $5\sim6$ 桁高い値であり，固溶限を超えるため熱処理過程で析出する。酸素析出物はキャリヤの再結合センターとして働き，ライフタイムを下げるので有害である一方，析出物周辺の応力により重金属をゲッタリングする極めて有用な働きをする。さらに，酸素は転位の固着効果があり，結晶の機械的性質を強める働きもある。したがって最適な酸素濃度への精密制御が必要となり，それを支える正確な酸素濃度測定が不可欠となる。一方，炭素は酸素のような有用な働きはないが，酸素析出の核として働くので，もっぱらその低減化が望まれている。

　以上よりウェーハの酸素・炭素濃度値は欠陥を制御する上で欠かせない情報である。その定量のため，結晶中の酸素，炭素に固有の振動を赤外吸収で捉える。当時は分散型分光計による赤外吸収測定が一般に行われていたが，まだ開発されて間もないフーリエ分光計を使った赤外吸収法（Fourie transform infrared spectroscopy；FT-IR）を適用できないか検討した。光の利用効率が高く全波長領域を同時に測定するという原理的な優位性は理解できたが，まだ世界で数台しか実績がなく高額であった。また，その道の大家から，FT-IRは定量分析には使えないなどと悲観的なコメントもいただいていた。室長の決断で導入に踏み切ったところ，定量性に全く問題はなく，期待以上に高速・高精度測定が可能であった。そればかりか，従来法では薄い試料の測定で干渉縞が発生するため厚い試料を特別に準備していたが，FT-IRでは干渉縞をデータ処理により消すことができるため，通常のウェーハのままで大量の測定を行え，ウェーハのそりや酸素析出過程の研究に大いに貢献した。

　超LSI研では，FT-IR法で当時のウェーハメーカー5社のウェーハ品質の比較を行った。その結果，酸素析出が起こりやすい低品質結晶と起こりにくい高品質結晶に歴然と分かれ，その差を分けたのが炭素濃度であることが判明した。プロジェクトが終わる頃には，どのメーカーのウェーハも炭素濃度が低くなり差がなくなっていた。炭素不純物の低減化が必須であることが分かり，各社で結晶育成方法を改良したことによって，ウェーハの品質が良い方に揃ったというわけである。これを通して，高精度不純物評価がいかに重要かを実感するこ

とができた．また後になって，西欧の主要機関でもFT-IRを使用し始めていたことが分かり，遅れを取らずに済んだと胸をなでおろした．

超LSIの開発では，不純物測定に高感度性だけでなくサブミクロンオーダーの3次元的な高空間分解能性が求められる．この要求に応えるのが2次イオン質量分析法（Secondary ion mass spectrometry；SIMS）で，加速した1次イオンを試料に照射しながらスパッタリングし，発生した2次イオンを質量分析する手法であり，イオンマイクロアナライザ（IMA）とも呼ばれる．酸素・炭素分析では，測定系の高いバックグランドレベルの低減が課題であったが，超LSI研では，試料室の真空の質を改良すること，同位体分析を利用することにより$10^{15}\mathrm{cm}^{-3}$オーダーまでの定量が可能となった．

以下ではPL法，FT-IR法を中心にその後の発展を紹介する．それらの詳細や他の不純物評価については文献7)～9)を参照されたい．

6.3.2 PL法によるドーパント不純物定量

微量不純物定量を実現させたPL法の普及は国内に留まらず，アメリカ，ヨーロッパでも大手シリコンメーカーにおいてルーチン的な品質管理工程に使用されるようになった．そして国内外の計測器メーカーからも特色のある装置が販売され始めた．こうした状況下でPL法の標準化への要望が強まり，1985年にJEIDA（日本電子工業振興協会，現在のJEITA）で標準化の作業が開始された．従来のB，Pに加え，Al，Asに対しても濃度水準が振られた残留不純物の少ない高品質結晶が作製され，これらの試料の持ち回り測定（Round robin test；RRT）をもとに，図6.18に示すような高精度の検量線が作成された．そして，各不純物に対する標準試料

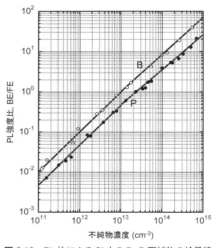

図6.18 PL法によるSi中のB, P不純物の検量線

を作製し，世界中の主要機関に頒布することにより，標準化を達成した。これらを基に PL 法は，JEIDA 規格および ASTM（米国測定・材料標準協会）規格として制定され，後に JIS 規格（H 0615），SEMI 規格（MF1389）に移行された。さらに JIS 規格は最近の測定機器の進展に対応すべく以下のように改正された。

　JIS H 0615：2021 「フォトルミネッセンスによるシリコン結晶中の不純物濃度測定方法」

この規格は，LSI などの電子デバイス用 Si ウェーハ製造の品質管理に不可欠の技術として，発明以来現在に至る 45 年以上にわたって国内外の主要メーカーで使用され続けている。

　なお，標準化手法で対象としていたドーパント不純物濃度範囲は 10^{11}〜$10^{15} \mathrm{cm}^{-3}$ であったが，10^{10}〜$10^{20} \mathrm{cm}^{-3}$ の 10 桁に及ぶ濃度範囲の PL についても詳細に解析され，濃度変動に対応して PL スペクトルが系統的に変化する様子が解明された [10]。これは，広濃度範囲のドーパント不純物定量法として太陽電池用 Si 基板評価などへの利用に留まらず，不純物の物理を解明していく上で貴重なデータベースとして極めて有用である。さらにこの PL 定量法は，Si 以外の半導体 Ge，SiC，GaN などのドーパント不純物定量にも適用でき，特に SiC においては高純度化の指標とされる残留窒素不純物の定量に広く一般に利用されている。

6.3.3　FT-IR 法による微量炭素不純物定量

　当時の IR 法の炭素不純物の検出限界は，およそ $5 \times 10^{15} \mathrm{cm}^{-3}$ 程度で，高品質結晶と低品質結晶を分けていた炭素濃度は $1 \times 10^{16} \mathrm{cm}^{-3}$ 程度であった。ところが，最近の IGBT（Insulated gate bipolar transistor）などの先端シリコンパワーデバイス用ウェーハでは，炭素濃度を $1 \times 10^{15} \mathrm{cm}^{-3}$ 以下の値で厳密に管理するよう要求されている。そのため，IR 法の標準規格の改正が必要になり，2017 年に新金属協会（JSNM）で活動が開始され，経産省の委託事業として継続された。FT-IR の使用を前提にしたが，現在の FT-IR 装置は完成の域に達しており，装置改良によって検出感度を 1 桁上げることは至難の業であった。そこで

192   6 結晶技術

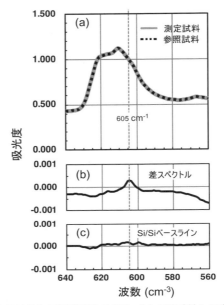

図 6.19 FT-IR 法による Si 結晶中の炭素不純物の検出。(a) 測定試料および参照試料の吸収スペクトル。(b) 両試料の差スペクトル（縦軸を 250 倍拡大）。(c) Si/Si ベースライン（同一試料の差スペクトル）。

従来の FT-IR 測定法を基礎から見直した結果，以下のように装置の安定性を確認しておくことが鍵であることに気付いた。

図 6.19 に示すように，炭素の測定では吸収ピーク（波数 605cm^{-1}）に Si 結晶の強い基準振動吸収帯（590〜630cm^{-1}）が重畳するため，炭素を含む試料の吸収スペクトルから炭素を含まない参照試料の吸収スペクトルを差し引き，微小な炭素ピークを検出する差スペクトル法が用いられる。図の微量炭素測定例では，(a) に示すように，両試料の吸収スペクトルでは差が分からないが，(b) で両者の差をとり，縦軸を 250 倍に拡大してようやくピークが見えてくる。したがって，装置のドリフトや試料交換の再現性不良は大きな誤差をもたらす。そこで，測定の安定性をチェックするため，同一試料を試料の付け外しを含めて 2 度測定した際の差スペクトル（Si/Si ベースラインと命名）を測定した。再現性が完全であれば，Si/Si ベースラインは零フラットになるはずである。実際には (c) に示すように変動成分が生じるが，それが炭素ピーク高より小

さければ，検出可能ということになる。(b) ではこれを満足し，濃度 $7 \times 10^{14} \mathrm{cm}^{-3}$ の炭素が検出されている[11]。以上の成果をもとにして，新金属協会規格 JSNM-SI-001 が制定され，同規格を原案として JISC（日本産業標準調査会）における審議を経て，以下の JIS 規格が制定された。

JIS H 0616：2024 「室温フーリエ変換赤外吸収法分光法によるシリコン単結晶中の低濃度置換型炭素原子濃度の測定方法」

6.3.4 発光活性化 PL 法による微量炭素不純物定量

FT-IR 法による炭素定量では，原理的に $1 \times 10^{14} \mathrm{cm}^{-3}$ 以下は測定できず，先端デバイス用材料評価として必ずしも十分とは言えない。そこで，ドーパント不純物定量で成功を収めた PL 法に注目が集まった。しかし，炭素は電気的に不活性であるため，通常の PL では検出できない。これに対応するため，シリコン結晶に電子線を照射して炭素を電気的に活性化させ，PL で測定するという手法（電子線照射発光活性化 PL 法）が検討され始めた。その結果，$10^{13} \mathrm{cm}^{-3}$ 台の濃度も検出できることが分かり，実際にウェーハの品質管理に利用する企業も出てきた。

こうした中で，発光活性化 PL 法の標準化に向け，FT-IR 法と同じく経産省委託事業として新金属協会にて標準化活動が進められた。ドーパント不純物定量の JIS 規格をお手本に，種々のウェーハに対してラウンドロビン測定を行ったところ，対象を IGBT 用のウェーハに限定すると，炭素起因発光とシリコン固有の発光の強度比と炭素濃度との間には，図 6.20 に示すように，極めて良い相関が得られた[12), 13)]。検出下限も $4 \times 10^{13} \mathrm{cm}^{-3}$ 程度まで下げられることが確認された。これらの成果を基に新金属協会規格 JSNM-SI-002 が制定され，同規格を原案として JISC における審議を

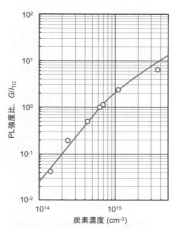

図 6.20 発光活性化 PL 法による Si 中の炭素不純物の検量線

194   6 結晶技術

経て，以下の JIS 規格が制定された。

　　JIS H 0617：2024　「フォトルミネッセンスによるシリコン単結晶中の低
　　炭素不純物濃度測定方法」

さらに検量線の較正用として標準試料も作製され，関係機関に頒布された。

　なお，この規格の適用範囲の拡大について検討され，n 型，30Ω・cm 以上，
酸素濃度 $1\sim6\times10^{17}$cm^{-3} の MCZ（磁場印可引上）結晶に対して利用できる検
量線の近似式が示された[14]。さらに p 型結晶，FZ 結晶への適用も検討され，
予備的なデータが得られており，将来 JIS 規格を改正する際に反映される予定
である。

　以上の微量炭素定量法の開発で，試料中の正確な炭素濃度を把握する必要が
あり，専門の受託分析機関に SIMS 分析を依頼した。超 LSI 研時代には，
SIMS の検出感度は 10^{15}cm^{-3} 台の上の方がやっとであったが，最近では装置開
発が進み各測定対象に専用の SIMS 装置を配備するなど注意が払われ，$1\times$
10^{14}cm^{-3} 程度まで高感度化されている。ただし，信頼性の高い値を得ることの
できる分析機関はごく一部に限られており，ルーチン分析の用途には不向きで
ある。

6.3.5　評価技術の標準化

　最近の省エネ技術や AI 技術の飛躍的な進展に伴い，半導体デバイスの高性
能化が急務となっている。そのためには，デバイスが形成される半導体材料の
特性を高品質化する必要があり，材料品質を測る「物差し」が不可欠となる。
この「物差し」を共通化し高精度にすることが標準化である。先端技術の標準
化を達成することは，最先端を走る者の責務であると同時に，技術的優位性を
顕在化させ国際競争力を強化することにつながる。本稿では，結晶中の不純物
濃度を測る「物差し」として，超 LSI 研時代に誕生した FT-IR 法と PL 法を中
心に標準化を進めた過程の一端を紹介した。これまでを振り返ると，どの過程
においても基礎に立ち返り，データ採取と解析を丁寧に積み上げていくことが
重要であったことを実感している。こうした先端評価技術の標準化への取り組
みを通じて，半導体結晶工学への理解が深まり，我が国の半導体産業の復活に

寄与することを願っている。

6.4 微小欠陥制御

第四研究室　松下嘉明

6.4.1 微小欠陥の種類

Siウェーハは，メーカーから入手したままの生ウェーハではほぼ無欠陥であるが，デバイス製造工程での熱処理を受けると，ウェーハ内部に多くの微小欠陥（BMD：Bulk Micro Defect）を生じ，デバイス特性に様々な影響を及ぼす。BMDの発生状況は，ウェーハメーカーによって大きく異なり，デバイスメーカーとウェーハメーカーの相性などという感覚的な言葉で当時表現されていた。そこで，この相性にメスを入れるべき，デバイス製造工程で発生する微小欠陥の研究が取り上げられた。

微小欠陥の挙動を調べるために，600～1200℃の範囲で，等温熱処理および等時間熱処理を，種々のウェーハメーカーのSiウェーハに対して施し，発生するBMDの観察を行った。BMD密度は，ウェーハメーカーによって大きく異なるが，発生する欠陥の種類は熱処理温度でほぼ決定される。その代表的な欠陥のTEM像を図6.21～図6.23に示す。図6.21は，750℃程度以下の低温熱処理で発生する欠陥であり，極微小な析出物（PPT）と転位対が見られる。

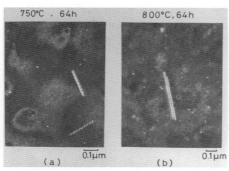

図6.21 低温（600-900℃）熱処理で発生する微小欠陥のTEM像

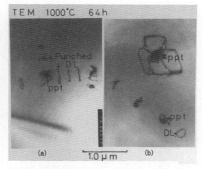

図6.22 中温（900-1100℃）熱処理で発生する微小欠陥のTEM像

1000℃付近の中温熱処理（図6.22）では，板状析出物とそこからパンチアウトした転位ループ群および積層欠陥が観察される。一方，1100℃以上の高温では，図6.23（c）に示すような，Si（111）面で囲まれた正八面体の析出物のみが見られ，転位は見られない。また，低温およ

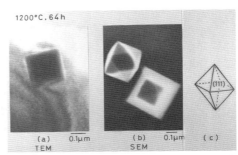

図6.23 高温（>1100℃）熱処理で発生する微小欠陥のTEM像（a），SEM像（b），模式図（c）

び中温での熱処理では，析出物の周りに大きな歪みをもっているが，高温での正八面体析出物の周りには析出物が大きいにもかかわらず歪みはほとんど見られない。

これらSiウェーハの熱処理前後での，FT-IRのプロファイルの代表例を図6.24に示す。1110cm^{-1}に現れる格子間酸素［Oi］の吸収が，熱処理することにより大幅に減少し，それに伴いクリストバライトや非晶質SiO$_2$のブロードなピークが現れている。また，SIMSの二次イオン像の観察においても，図6.25に示すように，O$^-$イオン像で析出部に対応して輝点が見られ，PPTはSiO$_2$であることが認められる。これは，As-Grown（AG）CZ-Si結晶中には，育成過程で石英つぼから溶け込んだ酸素が結晶中に導入され，Oiとして過飽和に存在している。このOiが

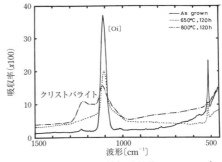

図6.24 Siウェーハの熱処理前後でのFTIRプロファイル

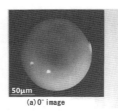

図6.25 SIMSによる（a）O$^-$，（b）Si$^-$イメージ

表 6.2 微小欠陥の種類と挙動のまとめ

温度（°C）	400	500	600	700	800	900	1000	1100	1200	1300
欠陥の種類			微小析出物 (コーサイト， 非晶質) 転位対		板状析出物 (クリストバライト， 非晶質) パンチアウト転位 積層欠陥			八面体析出物 非晶質		
析出物密度						指数関数的に減少				
析出物の挙動			核形成 (不均質)			微小析出物の成長				
電気的性質（ドナー）	酸素ドナー		ニュードナー							

熱処理工程で析出し，SiO_2になるが熱処理温度により異なる相をとることを示している。酸素が析出しSiO_2となると，約2.3倍体積が膨張するため，余分なSi原子が格子間Siとして放出され，転位ループや積層欠陥を形成するものと考えられる。しかしながら，1150℃以上の高温になると，格子間Siの移動度は大きいのでウェーハ表面まで逃げてしまい，大きな析出物にもかかわらず転位は発生せず，歪みもほとんど観察されないものと考えらえる。これら酸素析出物およびそれによる欠陥の種類とその挙動をまとめると，表6.2のようになる。

6.4.2 微小欠陥の発生機構

(1) 熱履歴の影響

酸素析出物の発生機構に関しては，当時電電公社の通信研究所を中心として過飽和酸素の均一核発生論が展開されていた[15]。しかしながら，各メーカーのウェーハを評価してみると，図6.26に示すように同じ酸素濃度であっても析出物密度が全く異なるウェーハが存在する。これは，酸素の過飽和度のみに依存する酸素の均一核発生では考えにくく，ほかに要因があるのではないかと考えられた。

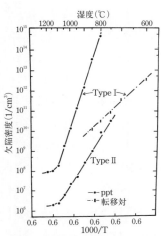

図 6.26 微小欠陥密度のウェーハ間の違い

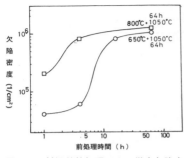

図 6.27 低温前熱処理による微小欠陥密度の変化

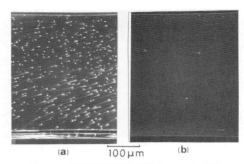

図 6.28 熱処理誘起微小欠陥のエッチング像
(a) 1000℃, 64h, (b) 1270℃, 2h + 10000℃, 64h

そこで，まず熱処理温度の影響を見るために，低温（600～800℃）で前熱処理を施した後，中温（1000～1050℃）で熱処理し（2段熱処理），BMD 密度の変化を観察した。BMD 密度の前熱処理温度・時間依存性を図 6.27 に示す。低温熱処理を施すことによって，BMD 密度が増大していることが認められる。次に，高温での効果を見るため，1200℃以上の高温で前熱処理を行い，次に中温で熱処理して欠陥の観察を行った。その一例を図 6.28 に示す。明らかに BMD 密度が減少していることが分かる。

以上まとめると，低温前熱処理を行うと BMD 密度すなわち PPT 密度は増大し，高温前熱処理を行うと逆に低減する。これは程度の差こそあれ，いずれの Si ウェーハメーカーのウェーハに対しても言えることであった。このことは図 6.29 のように考えられた。すなわち，As-Grown 状態ですでに潜在核は存在しており，そのサイズは小さくなるほど高密度になるような分布をしている。As-Grown 状態での潜在核分布はウェーハメーカー間によって異なっている。一方，核成長の臨界核サイズは温度が高くなるほど大きくなる[16]。熱処理を施すと，その温度での臨界核サイズより大きい潜在核は安定核として成長するが，小さいものは不安定化しやがて消滅してしま

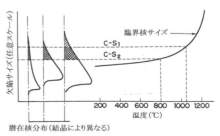

図 6.29 酸素析出物発生モデル

う。したがって，低温前熱処理をすると低温での臨界核サイズより大きな潜在核が成長し，次の中温の臨界核サイズを超えるため中温熱処理でも成長を続け，BMD として観察される。そのため，中温 1 段熱処理よりはるかに多くの析出物を発生させる。逆に，高熱前処理を施すと 2 段目の温度の臨界核サイズより大きな潜在核も不安定化して縮小し，BMD 密度は減少する。

As-Grown での潜在核分布の密度の違いは，各ウェーハメーカーでの結晶育成の際の Si 融液の対流，固液界面の安定性および結晶棒の冷却過程に依存するものと考えらる。現在では，200mmφ以上の大口径結晶では，るつぼの外から磁場を印可した状態で引き上げる MCZ 法[2] が主流になっているため，Si 融液対流および固液界面形状は制御されて作製されており，ウェーハメーカー間の差は小さくなっている。

(2) 微小欠陥発生抑制：均質化処理

LSI 製造プロセスでは 1000℃付近の熱処理が多用されるため，そこでの欠陥発生が抑制され均一化されたウェーハの作成を試みた。BMD 密度を低減するには，前項（1）で述べたように高温前熱処理を施せばよいことになる。BMD 発生をほぼ完全に抑制するには高温なほどよく，1270℃での前熱処理を試みた。その際，冷却速度の影響を見るため，図 6.30 に示すような工程で行った。すなわち，1270℃，2 時間の熱処理後，23 時間かけて徐冷したもの（図中：A）と急冷（図中：B）したサンプルを作成した。なお図中：C は結晶育成時に受ける熱履歴を示している。これらサンプルウェーハを，As-Grown ウェーハとともに 1000℃，64 時間の熱処理を行い，BMD の観察を行った。エッチングによる観察結果を図 6.31 に示す。

As-Grown に比べて 1270℃熱処理により欠陥密度は減少しているが，徐冷に比べて急冷サンプルは BMD 密度が高いことが認められる。これは，1270℃の高温では不安定な状態で比較的大きな潜在核が形成されるが，冷却過程で徐々に小さくなる。高温

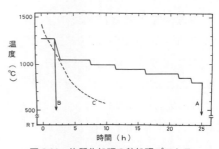

図 6.30 均質化処理の熱処理プロセス

200　6　結晶技術

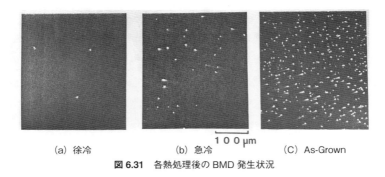

(a) 徐冷　　　(b) 急冷　　　(C) As-Grown

図 6.31　各熱処理後の BMD 発生状況

状態から急冷すると小さくなる前に臨界核サイズを超えてしまい，安定核になりその後の熱処理で析出物に成長する。一方，徐冷をすると，潜在核は臨界核サイズを超えずに徐々に小さくなっていき消滅するため，その後の熱処理で欠陥は発生しない。これにより，任意のウェーハにおいて，高温（1270℃以上）＋徐冷熱処理で欠陥が抑制された均質なウェーハが作成されることが確認された。

(3)　微小欠陥発生に及ぼす炭素の影響

　BMD の発生は潜在核分布によって決定されることが明らかになったが，その潜在核は何に依存するかを調べるため，ウェーハ中に含まれる炭素濃度依存性について検討を行った。炭素原子は，FTIR で 605cm^{-1} に置換型炭素（Cs）として検出される。Cs と 1110cm^{-1} に見られる格子間酸素（Oi）の減少量すなわち酸素析出（PPT）量との関係をとると図 6.32 のようになる。Cs 濃度が高いほど酸素の PPT 量が多くなることが分かる。ここに示したのは，800℃熱処理の場合であるが，いずれの温度においても PPT 量は Cs 濃度に依存することが認められた。一段

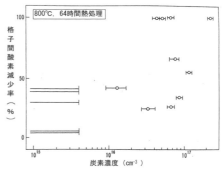

図 6.32　格子間酸素濃度の減少率と炭素濃度との関係

熱処理では結晶育成過程で既に潜在核が作られており，その核が成長しただけであり，核形成過程を見ていない可能性がある。そこで，初期核形成過程でのCsの役割について調べるため，前項（2）で述べた均質化処理したウェーハでCs濃度とPPT量との関係を調べた。結

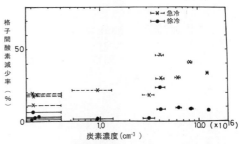

図 6.33 均質化熱処理を施したウェーハでの格子間酸素濃度の減少率と炭素濃度の関係

果を図6.33に示す。1270℃から徐冷・急冷熱処理をしたいずれのサンプルにおいても，Cs濃度が高いほどPPT量が多い。すなわち，酸素析出の初期核形成においても炭素が関与していることが確認された。

このことは，次のように考えられる。SiとCの共有結合半径はそれぞれ0.117nm，0.077nmであるから，Si-Si結合間距離は0.235nmであるのに対し，Si-C結合間距離は0.195nmと短くなる。したがって，置換型炭素は母体Siに対し引張り歪みを及ぼす。一方，酸素が析出すると，Si-O-Si構造をとり，そのSiとSi距離は0.308nmとなり母体Siに対し圧縮歪みを与える。すなわち，CsのところにOiが析出すると歪み緩和が起こるので，優先的にOiが集まり潜在核が形成される。この潜在核が臨界核サイズを超えると，酸素析出が進行し酸素析出物として観察される。酸素析出がさらに進行すると，約2.3倍の体積膨張が起こり余分なSi原子が格子間に放出される。これら格子間Siが集まり，転位または積層欠陥を作るものと考えられる。すなわち，核形成はOiがCsを中心に持つサイトに集積して形成される，不均一核形成によるものであると結論される。

6.4.3 微小欠陥制御とゲッタリング

Siウェーハを熱処理すると，図6.34に示すように，内部に多数のBMDが発生するとともに，表面付近に無欠陥な層が形成される。この層のことをDZ（Denuded Zone）と呼ぶ。内部にBMDを持ち表面にDZ層が形成された

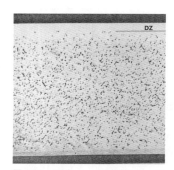

図 6.34 IG ウェーハ断面のエッチング像

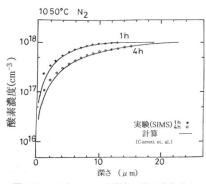

図 6.35 IG ウェーハの酸素の深さ方向分布

ウェーハは不純物をゲッターし表面を清浄に保つ能力を持っている[17]。このようなウェーハを IG (Intrinsic Gettering) ウェーハという。DZ 層は熱処理工程での酸素の外方拡散によって形成される。実際，1050℃で熱処理したウェーハの酸素の深さ方向分布を SIMS により測定すると図 6.35 のようになる。プロットは SIMS による測定点であり実線は酸素の外方拡散の計算値である。計算結果と非常によく一致しており，酸素の外方拡散は計算で求められることが分かる。

DZ 幅は BMD 発生の臨界酸素濃度で求められる。この臨界酸素濃度を求めるため，FZ ウェーハに酸素を内方拡散したサンプルを作成し[18]，それを 2 段熱処理して BMD の発生を観察した。結果の一例を図 6.36 に示す。こ

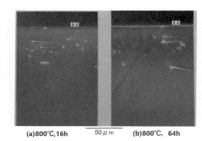

図 6.36 酸素を拡散した FZ ウェーハでの熱処理誘起微小欠陥の分布

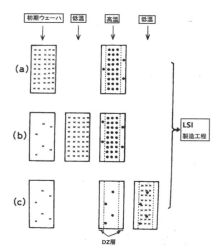

図 6.37 IG ウェーハの各種作成方法

れらの結果より1050℃に対する臨界酸素濃度は$5\times10^{17}\mathrm{cm}^{-3}$と求められた。臨界酸素濃度はCs濃度が高くなるほど、また処理温度が低くなるほど小さくなるので、炭素濃度の高いウェーハを用いる場合は、それに応じた臨界酸素濃度を求める必要がある。

IGウェーハの作成に対しては、図6.37に示すような、3種類の方法が考えられる。(a)は単に高温処理し、酸素を外方拡散する方法であるが、初期状態で析出核が多く存在している場合には高密度BMDの発生が期待できるが、初期析出核が少ないウェーハに対しては適さず制御性が悪い。(b)は最初に低温熱処理し、析出核を形成した後、高温で処理し酸素を外方拡散する方法である。この方法ではどのウェーハでも内部に高密度のBMDが発生し、ゲッタリング効果を期待できるが、表層付近に欠陥核が残ってしまう可能性がある。完全なDZ層を作成することが困難である。(c)は最初に高温処理し酸素を外方拡散し、次に低温熱処理で欠陥核を形成した後、LSIの製造プロセスに投入する方法である。この方法では、DZ層は完全にBMDフリーとなり内部に高密度のBMDが発生する。プロセス(c)は、どのウェーハに対しても無欠陥なDZ層と内部に高密度なBMDを作成でき、超LSI用の基板ウェーハとして最適であると考えられる。

図6.37(c)の方法で作成したIGウェーハが、実際にゲッター能力を持っているかを調べるため、Cuを熱拡散し1050℃でゲッター用熱処理を行い、Cuの分布を調べた。結果を図6.38に示す。As-GrownウェーハではCuが一様に

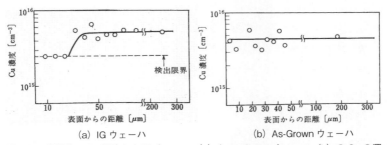

図6.38 意図的にCu汚染したIGウェーハ(a)とAs-Grownウェーハ(b)のCuの深さ方向分布

存在しているが，IGウェーハでは内部のみに存在しており，表面層には見られない。すなわち，十分ゲッター能力を持つ高品質IGウェーハであることが分かる。

IGウェーハを用いると，MOSのジェネレーションライフタイムの向上[19]やイオン注入の際の表面欠陥減少効果[20]が見られ，実デバイスへの適用が期待された。

6.4.4 微小欠陥制御のその後の展開

共同研終了後，微小欠陥の制御を行ったIGウェーハ技術を各出向元に持ち帰り，実際のデバイスへの適用の検討を進めた。その一例として，ダイナミックメモリー（DRAM）を用いて，保持時間を各種ウェーハについて測定した結果を図6.39に示す[21]。IGウェーハは保持時間が長く，他のウェーハよりも高品質であることが分かる。そこで，実際に生産されているメモリーデバイスへの適用を試みたところ，歩留まり的に特に大きな差は見られなかった。IGウェーハは高品質であるにもかかわらず，歩留まり的に差がないのは，他に原因があるのではないかと考えられた。

一方，ゲート酸化膜等の薄い酸化膜を検討しているグループから，酸化膜品質が基板ウェーハに依存しているとの情報がもたらされ[22]，両者の関係を調査した。BMD以外のより小さな欠陥が影響していると考えられ，その欠陥抑制に対して，水素アニール法が開発された[23]。実際，水素アニールを行うことにより，薄い酸化膜耐圧も向上することが認められた[24]。水素アニールはIGウェーハの延長上にあり，最初の高温熱処理を水素雰囲気で行うものである。後にアルゴン（Ar）アニールでも同様な効果あることが確認され，現在，水素アニールまたはArアニールウェーハとして実用化されている。

これとは別に，Siウェーハ表面を細かく

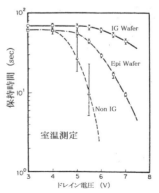

図6.39 DRAMの保持時間のウェーハ依存性[21]

6.4 微小欠陥制御　　205

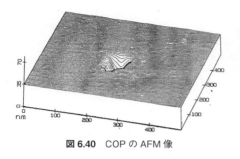

図 6.40 COP の AFM 像

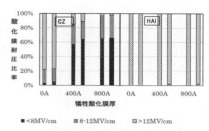

図 6.41 酸化膜耐圧の犠牲酸化膜厚依存性[26]
CZ ウェーハ（左）と水素アニールウェーハ：HAI（右）

見ると四角錐状の凹みがあることが分かり，COP（Crystal Originated Particle）と名付けられた[25]。その例を図 6.40 に示す。COP は結晶育成過程で導入された空孔の集合体であり，Si（111）面で囲まれた正八面体状のボイドであり，内表面に薄い酸化膜を持っている。ウェーハ化工程で，内部のボイドが表面に現れ，四角錐状の凹みになる。

これら，COP は上述の IG 処理では安定的に表面に残存し，ゲート酸化膜の不良要因となってしまうため，IG ウェーハでは歩留まり的な向上は見られなかった。一方，水素や Ar のような還元性雰囲気または不活性ガス中での高温熱処理では，表面 Si 原子が動き回り，表面の再構成が行われる。その結果，表面層の COP は消滅し，完全な Si 表面層が構成される。

VLSI 製造工程では最表面は使わず何回か犠牲酸化した後の表面が使われる。したがって，ある程度深い層まで COP フリーになることが必要であり，水素または Ar アニールではアニール時間の最適化がなされている。これらのアニールウェーハは，図 6.41 に示すように，犠牲酸化しても安定的に良好な酸化膜耐圧を保証している[26]。特にフラッシュメモリでは，高品質な酸化膜を必要とするため不可欠なウェーハとなっている。

また，COP 低減のために結晶育成法でも対処されている。すなわち，COP は空孔の集合体であるから，引き上げ速度 V と固液界面での温度勾配 G により支配されている[27]。実際には，横型 MCZ を用い V/G が径方向に沿って一定になるように育成炉を設計し，成長パラメータをコントロールして育成する

ことにより，COP フリーの結晶（Pure Silicon と称す）が得られている[28]。現在，この Pure Silicon からのウェーハも，アニールウェーハやエピウェーハとともに VLSI 用基板ウェーハとして重要な位置を占めている。

6.5 おわりに―第四研究室の成果の影響

第四研究室　松下嘉明

　紙幅の関係上紹介できなかったが，第四研究室ではその他に低温エピタキシャル成長技術や欠陥評価技術の研究も行っており多くの成果を得ている（文献 1）参照）。

　第四研究室には，飯塚室長のもとデバイスメーカー各社と電総研からのメンバーが一堂に集い，各社の障壁もなく活発な議論が展開された。その結果，当研究室で得られた成果は共通のものとなり，終了後それぞれ各社に持ち帰り実際のデバイスでの適用を試みている。その後の国内デバイスメーカーの隆盛は皆の知るところであり，本研究成果もその一因となっている。

　一方，ウェーハメーカーでは，この時期 Si ウェーハの品質が大幅に向上し，世界的シェアを伸ばしている。現在においても，図 6.42 に示すように国内メーカのシェアは 50％以上を占めており，国内メーカの優位性は保持されている。これは，ウェーハメーカーの生産能力拡大のための弛まぬ投資と品質向上に対する不断の努力の成果であるが，その底流には本研究所の成果があることは明らかである。

　Si ウェーハは，大口径化，高品質化を旗印に開発が進められてきたが，現在一部に 450mmφ化の声も聞こえるが，300mmφに至って技術的にも経済的にもほぼ到達点に達したものと思われる。現在，300mmφの高品質ウェーハの量産体制も確立しており，デバイスメーカーから見れば，比較的容易に高品質ウェーハが入手可能な状態になっている。し

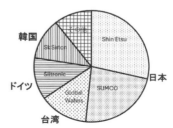

図 6.42　Si ウェーハの世界シェア（2024，Deallab）

かしながら，今後のさらなる生産量の拡大や大口径化，高品質化への要求に答えるためには，利益の正当な分配が必要であろう。

参 考 文 献

1) 垂井康夫編：超 LSI 技術，第 5 章　結晶技術，1981，オーム社.

2) T.Suzuki, N. Isawa, Y. Okubo and K. Hoshi: Semiconductor Silicon 1981, eds. H. R. Huff, R. J. Kriegler and Y. Takeishi (ECS, Princeton,1981), p.90.

3) SEMI-M1, JEITA EM-3602.

4) 松下嘉明，深谷栄，津屋英樹，高須新一郎編：超精密ウェーハ表面制御技術，2000，サイエンスフォーラム社.

5) J. R. Patel and A. R. Chaudhuri: *J. Appl. Phys.*, **34** (1963), p.2788.

6) J. R. Patel: *Discussion of the Frad. Soc.*, **38** (1964), p.201.

7) 田島道夫監修：「シリコン結晶技術―成長・加工・欠陥制御・評価―」（日本学術振興会第 145 委員会，2014）.

8) 田島道夫，干川圭吾，宝来正隆，鹿島一日兒，山本秀和：「シリコン結晶　その現状と将来展望」，応用物理，**84** (2015)，p.444.

9) 田島道夫：「評価手法標準化へのみちのり」，応用物理，**90** (2021)，p.699.

10) M. Tajima, H. Toyota and A. Ogura, "Systematic variation of photoluminescence spectra with donor and acceptor concentrations ranging from 1×10^{10} to $1 \times 10^{20} \mathrm{cm}^{-3}$ in Si", *Jpn. J. Appl. Phys.*, **61** (2022), p.080101. [Invited Review]

11) M. Tajima, H. Fujimori, R. Takeda, N. J. Kawai, and Noriyuki Ishihara: "Method to detect carbon in silicon crystals in the concentration range down to $5 \times 10^{14} \mathrm{cm}^{-3}$ by Fourier transform infrared absorption at room temperature," *Jpn. J. Appl. Phys.*, **61** (2022), p.096502.

12) M. Tajima, S. Samata, S. Nakagawa, J. Oriyama, and N. Ishihara: "Round-robin test of photoluminescence method after electron irradiation for quantifying low-level carbon in silicon," *Jpn. J. Appl. Phys.*, **59** (2020), p.SGGK05.

13) M. Tajima, S. Samata, S. Nakagawa, Y. Shinozuka, J. Oriyama, and N. Ishihara: "Calibration curve for the photoluminescence method after electron irradiation for quantifying low-level carbon in silicon," *Jpn. J. Appl. Phys.*, **60** (2021), p.026501 [Corrigendum, **62** (2023), p.08930].

14) M. Tajima, S. Samata, S. Nakagawa, H. Ishigaki, and N. Ishihara: "Extension of the scope of the photoluminescence method after electron irradiation for quantifying low-level carbon in silicon," *Jpn. J. Appl. Phys.*, **63** (2024), p.066504.

15) 井上直久，大阪次郎，和田一実：応用物理，**48** (1979)，p.1126.

16) 村上陽太郎：相変態序説・その熱力学と速度論，第 2 章，丸善，p.1963.

17) T. Y. Tan, E. E. Gardner and W. K. Tice: *Appl. Phys. Lett.*, **30** (1977), p.175.

18) S. Kishino, Y. Matsushita and M. Kanamori: *Appl. Phys. Lett.*, **35** (1979), p.213.

208   6 結晶技術

19) K. Yamamoto, S. Kishino, Y. Matsushita and T. Iizuka: *Appl. Phys. Lett.*, **36** (1980), p.195.

20) K. Nagasawa, Y. Matsushita and S, Kishino: *Apply. Phys. Lett.*, **37** (1980), p.622.

21) H. Otsuka, K. Watanabe, H. Nishimura, H. Iwai and H. Nihira: *IEEE Electron Device Lett.*, **EDL-3**, 1982, p.182.

22) K. Yamabe, K. Taniguchi and Y. Matsushita: *Proc. Int. Reliability Physics Symp.*, Phenix, 1983, p.184.

23) Y. Matsushita, M. Wakatsuki and Y. Saito: Ext. Abst. 18th Conf. Solid State Devices and Materials, Tokyo, 1986, p.529.

24) M. Miyashita, H. Fukui, A. Kubota, S. Samata, H. Hiratsuka and Y. Matsushita: Ext. Abst. 1991 Int. Conf. Solid State Devices and Materials, Yokohama, 1991, p.568.

25) J. Ryuta, E. Morita, T. Tanaka and Y. Shimanuki: *J Appl. Phys.*, **29** (1990), p.L1947.

26) Y. Matsushita, S. Samata, M. Miyashita and H. Kubota: *Proc. 1995 Int. Devices Meeting Technical Dig.* (IEEE, Piscataway, 1994), p.321.

27) V. V. Voronkov: *J. Crystal. Growth*, **39** (1982), p.625.

28) J. G. Park, G. S. Lee, J. M. Park, S. M. Chou and H. K. Chung: Silicon Wafer Symp., Portland, 1998, p.E-1 (SEMI, Mountain View, 1998).

7 クリーン技術と露光技術

第五研究室　岩松誠一（日立製作所出身）

超 LSI 共同研究所（以下：超 L 研）が終了してから 45 年程度となる本年の半導体産業の状況は散々たるものであり，台湾やオランダ勢などの勃興には目を見張るものがある。何故にこのような状態になってしまったのか。このことを超 L 研に在籍していた技術研究者として検証するため，本書を執筆することとした。

超 LSI プロセスに求められる基礎技術は，汚染や欠陥のないクリーン技術と微細加工を可能とする露光技術などである。そこで，これらの技術の状況を検証することとする。

7.1　クリーン技術

7.1.1　クリーンルーム事始め

クリーンルームの要の HEPA（High Efficiency Particulate Air Filter）フィルターを半導体工場に採用したのは，Si エピタキシャル処理に当時ケンブリッジフィルターを装備したクリーンベンチを日本で初めて用いたことに始まる。このクリーンベンチを前処理に用いるとエピタキシャル層の欠陥がなくなるという成果が得られたのが事始めと思われる。

7.1.2 超純水は純粋？

超純水はイオン交換樹脂を用いて水の不純物を取り除いたもので，半導体の洗浄処理には欠かせないものであるが，絶縁体であるとともに，空気中の CO_2 イオンも含まれており，取り扱いが中々厄介なものである。純水洗浄では帯電による塵埃の吸着や放電破壊もあり，最終処理は導電性の高純度アルコールで洗浄・乾燥を行う必要がある。

7.1.3 プラズマ洗浄による薄膜無欠陥化

一般に薄膜は，nm 厚になると指数関数的に欠陥が増加し，超 LSI になると集積度の向上に歩留りが指数関数的に低下すると言われている。しかし，プラズマ洗浄を施すと，nm サイズの薄膜までも無欠陥膜を形成できることが分かった[1]。プラズマ洗浄はナノサイズの有機物までをも完全に除去するものと考えられる。よって，超 LSI の高集積化でも必ずしも歩留りが低下することはないと思われる。

7.1.4 クリーン MOS FET の実現

ここで言うクリーン MOS FET（Metal Oxide Semiconductor Field Effect Transistor）とは Na$^+$ イオンによるトランジスタ特性の不安定化をなくすために，燐処理のない P チャネルの Al ゲート MOS FET を BT（Bias Temperature）処理で閾値電圧 V_{th} の変動がないプロセスで製作したものを言う。結論から先に示すと，V_{th} 変動を起こす Na 汚染源はゲート酸化膜を形成するドライ酸化処理ではなく，ゲート蒸着処理とフィールド酸化膜を形成するウェット酸化処理であったということである。すなわち，高純度 Al ゲート蒸着処理の開発と 10 日間にも及ぶ 1μm 厚のフィールド酸化膜処理をドライ酸化処理で形成して世界に先駆けてクリーン MOS FET を開発した。本件は完全なノウハウであり，長期に渡り極秘扱いにしてきたが，クリーン化は蒸着のみだという誤解が広まり，超 L 研の終了に伴い開示することとした[2]。

クリーン MOS FET の実現に大きく寄与したのが，コロナ帯電法による無電

極での BT 処理法を開発したことにある。コロナ帯電法では，$1mm\phi$の銅芯に In-Ga 液体金属を濡らしたゲート電極とした MOS ダイオードとして，*C-V* カーブを計測する。BT 処理は半導体基板表面に形成した酸化膜上に＋（正）または－（負）のコロナ帯電を施し，電位は表面電位計で測定して電熱板上で加熱して無電極で行う。＋と－の BT 処理を施した MOS ダイオードの *C-V* カーブのフラットバンド電圧 V_{fb} の差ΔV_{fb} が表面準位密度 N_{ss} として汚染の程度を表すものとして扱うことができる訳である[3]。

このコロナ帯電法による半導体表面の評価法により，様々な洗浄法や形成法あるいは様々な種類の絶縁膜の評価に適用することができた。これらの実験中に，あるとき Si 基板上のドライ酸化膜のみのΔV_{fb} 値が 0V であることに気がついた。すなわち，N_{ss} 値が 0 であり，話題の Na 汚染はなく，クリーンであると気づいた瞬間であった。さすれば，今までドライ酸化膜の Al ゲート MOS ダイオードで BT 処理後のΔV_{fb} 値が 0V ではないのは何故かを自問すれば，必然的に Al ゲートに汚染原因があると推察することができた。

そこで，ドライ酸化膜はクリーンであるということが基準となり，様々な材料や処理方法の汚染度を知ることができるようになった。例えば，MOS FET の場合では 100nm 以下の薄いゲート酸化膜はドライ酸化膜で対応できるが，厚さ 1μm 程度の周辺フィールド酸化膜はコロナ帯電法による計測では，ΔV_{fb} 値が 1V 程度あり Na で 1ppm 程度汚染されていることが分かった。原因は，ウェット酸化処理では石英管に大きな OH ネットワークが形成され，該ネットワーク間を外部のセラミック管や MoSi ヒーターなどからの Na が拡散するためと考えられる。

その他，人体からの汗や呼気などが大きな Na 汚染源と言われてきていたが，その程度は予想していた程度よりは意外にも少なく，1ppm 程度であった。

7.2　露光技術

7.2.1　短波長紫外線反射投影露光技術

超 L 研の主たるテーマは電子ビームによる露光技術であるが，目標解像度

が 1μm であったので，従来型のガラスレンズによる縮小投影露光（いわゆる
ステッパー）技術の改善も併せて行われていた。しかし，ガラスレンズを用い
るステッパーでは紫外線の波長を短くして解像度を上げようとすると，光が透
過するガラスレンズや石英マスクの透過率が悪化し，いずれ露光不能に陥ると
考えた。

　光学系の解像度 R は波長 λ に比例し，開口数 NA に反比例するという次の基
本式に支配される（ここに k は係数である）。

$$R = k\lambda/NA$$

すなわち，紫外線の波長を短くして解像度を上げるには凹凸ミラーによる反射
光学系が適しているのではないかと考えたのである。この短波長紫外線反射投
影露光技術の開発を遅ればせながら超Ｌ研の発足後の２年後に提案したのであ
る。企業間や資本間の軋轢による紆余曲折はあったが根橋専務の調整力と合
理性を貫いたことにより，迅速に開発は認可された。

　開発がスタートすると，仕様を決め，設計開発できる会社を選択することに
なる。日本の光学メーカーで開発できそうな会社はニコンとキヤノンの２社の
みであり，両社平等に見積提出を依頼した。受注すると返答をいただいたのは
キヤノンであり，ニコンからは受注を断られた。ニコンは第三研究室のステッ
パー開発を請け負っていたからであろうと推測している。一方，キヤノンでは
構想図が完成していた。

　キヤノンへのシステム発注とともに，光源メーカーのウシオ電機とホトレジ
ストメーカーの東京応化工業を加えたプロジェクトを立ち上げ，定期的に会合
を重ねた。

　キヤノンの技術力は高く，熱膨張率がほぼ０の基材やエアーベアリングによ
る走査機構（いわゆるスキャナー）や収差のない半円弧状光源の開発や無駄な
部品をなくした構造など，高精度化に向けた技術を開発した。ウシオ電機では，
目標の解像度 1μm の光学系に合わせて達成できる波長 240nm に輝度中心を持
つ 2kW の Xe-He ランプを開発した。ホトレジストに関しては，日立中研の
野々垣氏に開発を依頼し，高感度のホワイトレジストを開発し，東京応化工業

にて試作していただいた。

短波長紫外線反射投影露光方式は，当初目標の解像度 1μm の図形を 4μm の焦点深度で量産的に稼働でき，わずか 2 年間という短期間で完成したのは大成功だった[4]。

7.2.2 EUV 露光装置

現在，オランダの ASML 社の EUV（Extreme Ultra Violet）露光装置がナノスケールの超 LSI 生産の主流である。EUV 露光装置は波長 13.5nm の極紫外線を用いた短波長紫外線反射投影露光装置である。解像度を向上するために開口数を大きくできるミラーレンズの大口径化を図り，2nm 程度の解像が可能な装置を開発中である。

EUV 露光方式では EUV の波長が短く，従来の石英基板などによる透過型マスクでは EUV を透過しなくなるため，入射光に対して反射能を有する領域と吸収能を有する領域とが図形状に形成できる反射型マスクを用いるのが必然となる。この反射型マスクの考えは，超 L 研から既に特許化されている[5]。

EUV 露光方式では，この特許は基本特許となるものではあるが，出願が超 L 研の解散前の 1979 年頃であり，EUV 露光が実用化され始めた 2000 年以降，特許有効期間が 20 年であるために，特許権の履行は無理であり，誠に残念なことであった。

7.2.3 マルチ電子ビーム露光技術

超 L 研解散時の他研究室開発の可変成形電子ビーム露光方式の発表がきっかけとなってか，2000 年頃から EU の Magic Program でマルチ電子ビーム露光技術の開発が始まった。このマルチ電子ビーム露光技術というアイデアは，超 L 研に参加する前に電子ビーム露光方式の生産性を上げるには電子線源を多数化すればよいのではないかと思いつき，以下の特許出願をしたのがマルチ電子ビーム露光方式の事始めである[6]。

この提案は基本特許として成立してはいないが，公知であり超 LSI 技術の考え方の一つの種として認識していただければ幸いである。マルチ電子ビーム露

214   7 クリーン技術と露光技術

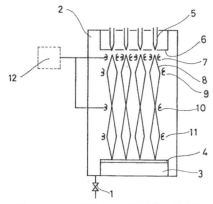

図7.1 マルチ電子ビーム露光技術の概念図
(1バルブ, 2真空系, 3ウエーハ, 4ホトレジスト, 5フィラメント, 6正極, 7スイッチ, 8電子ビーム, 9集束コイル, 10走査コイル, 11対物コイル, 12コンピュータ)

光技術の概念を理解していただくため,該公開特許の概略図を図7.1に示した.

7.2.4 マルチ電子ビーム露光装置の現状

実用化されているか,実用化されると思われるマルチ電子ビーム露光装置3社の分かる範囲での仕様例を表7.1にまとめてみた.Mapper(図7.2)はTSMCで実用化されており,PML2(図7.3)系はマスク製作では主流であり,MEBL(図7.4)はRAPIDUSでの採用が検討されているものと思われる.

表7.1 マルチ電子ビーム装置仕様例

メーカー	タイプ	電子線本数	スループット (WPH*)	解像度 (nm)	備考
Mapper Lithography	MEB12	13,260	10	22	オランダ (ASML系)
IMS Nanofabication	PML2	262,144	10	16	オーストリア (Intel系)
Multibeam Systems	MEBL		10		アメリカ (TEL系)

＊ WPH：300mmφ Si Wafers Per Hour

上記3タイプの実体の概念を認識するために図7.2～7.4に図示した.ここでのMapperは,10台のMEB12型装置を10台並列に集積してスループットを

 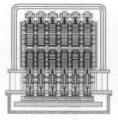 

図 7.2　Mapper　　　図 7.3　PLM2　　　図 7.4　MEBL

100WPH にしたものである。

7.2.5　マルチイオンビーム露光方式の利点

　マルチ電子ビーム露光技術の電子ビーム源をイオン源にすると，マルチイオンビーム露光技術が実現できる．イオンビーム露光ではレジスト露光処理において，(1) 回折効果がない，(2) 近接効果がない，(3) 露光感度が高いなどの多くの特長を持ち，高精度・高スループットの露光法として期待できる．

　さらに，レジスト露光のみでなくレジストプロセスなしでパターン状の直接エッチングやドーピングあるいは膜デポジションをする方法なども考えられ，将来の究極の技術として期待できる．

7.3　おわりに

　超 LSI プロセス技術を振り返ってみると，基礎的技術の確立と開発および種蒔きに抜かりがあったとは思えない．とりわけ現在問題となっている EUV 露光技術とマルチ電子ビーム露光技術に関しては，40 年以上も前から基本的な考え方が特許提案という形で証明されている．然るに日米半導体協定のために，日本では超 LSI 技術が遅れてしまったという話は納得しかねる．これらの技術が 40 年も遅れてしまっているのは，技術育成を怠ったということであり，その原因は他にあるはずである．

　抑々，超 L 研解散後の日本の半導体産業は隆盛を極め，経営者らは日本の技術力は世界一であると自惚れしまっていたと思われる．その裏で日本の閉鎖

性が進み，先行きが見込めない中で，技術開発への意欲が衰えて劣化している
ことに気づかずにいたことにお灸を据えたのが半導体協定であったと思われる。
半導体協定に携わった方々にはいずれ日本の技術力で巻き返せると誤解して日
米条約を優先して賛成したのではないかと思われる。超 L 研の根橋専務も解
散後は IBM に転職されているが，官僚としての役目を果たされたのであって
本音はどうだったかは慮るのみである（人質？）。強烈に反対された方は，現
状をどう見ているのであろうかと思う。協定では日本のシェアを 10％に保て
などとは言っていないとブラックジョークを差し上げたい。

　日本の技術力が圧倒的に上回っていれば，不合理な協定であっても実運営は
異なってくるものと思われる。TSMC の圧倒的な技術力の高さが米国の尊敬
を受けている例がある。TSMC は以前から開放的であり国外に工場を建設して，
最近では補助金を受けるまでに信頼されている。技術力の高さよるものであり，
工場の建設が元々の要因ではないことを肝に銘じるべきである。

　翻って，超 L 研の状況を振り返ると技術委員会が閉鎖的であり，その影響
力が超 L 研の動向を左右していた。超 L 研の情報開示の制限や研究期間の 4
年間化などは技術委員会の意向を強く反映したものと思われる。このことに
よって，超 LSI のシェア低下に始まり，半導体教育のレベル低下による論文数
の減少や特許数の減少等々その悪影響は測り知れない。

参 考 文 献

1) S. Iwamatsu: "Effects of Plasma Cleaning on the Dielecttric Breakdown in SiO₂ Film on Si", *J. Electrochem. Soc.* **129**, 1（1982）.
2) 岩松：「クリーン MOS FET の開発」，電気化学，**50**，No.3（1982）.
3) 岩松：「コロナ帯電法による半導体表面の解析」，超 LSI 共同研，静電気学会誌，**4**，2（1980），pp.70-77.
4) 岩松，朝波：「短波長紫外線投影露光方式」，Solid State Technology（日本版），pp. 45-50,（July 1980）.
5) S. Iwamatsu: VLSI Tec. Res. Ass., "Light-reflection type pattern forming system", US4231657（1980-11-04）.
6) 岩松：「多線源電子ビーム走査型露光方法」，特開昭 50-91247.

8 デバイス基礎技術および試験評価基礎技術
（電子ビーム描画ソフトウェアシステムを含む）

第六研究室長（後期）　清水京造（日本電気出身）

8.1　電子ビーム描画ソフトウェアシステム（AMDES）[1], [2]

高性能な電子ビーム描画の実現には，電子ビーム描画装置を最大限活かす高度な描画ソフトウェアが不可欠である。ここでは，共同研で開発された電子ビーム描画ソフトウェアシステム（AMDES と呼称）の概要を紹介する。

8.1.1　電子ビーム描画ソフトウェアの役割

電子ビーム描画のためのソフトウェアの役割は，集積回路製造プロセスの中で，マスクパターン設計データを，電子ビーム描画技術を用いてマスク製作またはウェーハに直接描画するためのデータに変換することである。変換処理にあたっては，電子ビーム特有のビーム偏向，近接効果，ウェーハそり，多重露光などによって起こるパターンひずみを補正し，パターンの高精度化を図る機能が要求される。さらに，大容量のパターンデータを高速に処理することや，製造プロセスに応じて極性反転（ポジ・ネガ）ができることなどもソフトウェアとして不可欠な要素である。データ変換処理にあたり，入力データとしてパターン設計データを直接利用するのが効果的であるが，従来は光学的に行う露光装置が利用されていたという背景から，市販のパターンジェネレータの駆動データからも入力できることが望ましい。以上の処理を実行するのに必要な共

通の図形処理算法について以下に述べる。

平面領域内の任意の位置に置かれた幾つかの単純多角形の総体をパターンデータと呼ぶ。単純多角形とはその辺が自分自身の他の辺と交差，接触せず，一筆書きできるもので，電子ビームの場合はほとんどが長方形である。パターンデータはマスクパターン設計装置で作成され，作業効率を上げるために図形の重なりを許している。しかし電子ビーム描画においては，重なりによる多重露光を避けなければならないし，

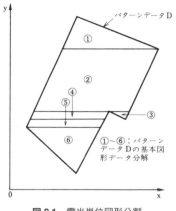

図 8.1 露光単位図形分割

1 回に描画できる領域（スキャンフィールド）に制限があるので，平面領域をこれに対応する幾つかの正方形領域に細分する必要がある。電子ビーム描画装置用の最終データは基本図形と呼ばれる。これは電子ビーム描画装置によって多少異なるが，x 軸に平行な 2 辺をもつ（三角形を含む）台形か長方形である場合が多い。したがって，単純図形は図 8.1 に示すように各頂点を通る x 軸に平行な直線で裁断して基本図形データの和に分解しなければならない。図形処理としては，①図形間の重なり部分の除去，②領域分割に伴う図形の細分化，③図形を露光用の基本図形への分解がなされる。

8.1.2 近接効果

(1) 近接効果解析

照射した電子ビームがレジスト内での電子散乱，基板からの後方散乱を繰り返すことにより，照射した位置以外の周辺にも電荷が蓄積される。現像によって蓄積電荷に応じたパターンが形成されるために，予期しないところでパターンひずみとなって現れることがある。これらの現象を総称して近接効果（プロキシミティ効果）と呼んでいる。近接効果が生ずる過程から，近接して置かれた他のパターンからの影響によって生ずるひずみを図形間近接効果（インタプロキシミティ），自分自身のパターン描画から生ずるひずみ（特にパターンの

8.1 電子ビーム描画ソフトウェアシステム（AMDES）

端で起こる丸み）を図形内近接効果（イントラプロキシミティ）と呼ぶ。

いま，一点に電子ビームを照射したときその周辺 r に及ぼされる蓄積電荷分布 $F(r)$ は次式で近似できる。

$$F(r) = C_1 \exp\left\{-\left(\frac{r}{\sigma_1}\right)^2\right\} + C_2 \exp\left\{-\left(\frac{r}{\sigma_2}\right)^2\right\}$$

この式 $F(r)$ は EID 関数（exposure intensity distribution function）とも呼ばれ，前項は前方散乱，次項は後方散乱に起因し，それぞれガウス分布をしている。実測値を関数に当てはめた（フィッティング）結果が図 8.2 であり，よく一致させることが可能である。なお近接効果を考え

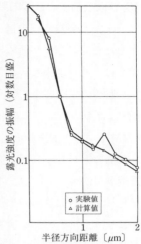

図 8.2 照射強度分布関数（EID 関数）

る場合，複数個のパターンを照射したときに，任意の位置 x での蓄積電荷量 $E(x)$ は，この点 x から $F(\varepsilon) = 0$ となる ε を径にして円を描き，円内に含まれる図形からの影響だけを考えればよい。

(2) モンテカルロ法

近接効果の大きさ，分布を表わすのに基礎となるのは一点入射の場合の近接効果の分布すなわち照射強度分布関数（EID 関数）である。これは実験的にも求めることが可能であるが，実験条件に制限または影響されずに EID 関数を求める点ではモンテカルロ法を用いた計算機実験によるのがよい。モンテカルロ法自体は入射電子の反射率やターゲット物質中での広がりの計算などに用いられ，良い結果を得ている。近接効果評価のために，これまでよく用いられているのは，ラザフォード散乱の式とベーテの減衰式および平均自由行程を基本としてモデルを定め，乱数を用いて多数の入射電子についてその軌跡を求め，試料のレジスト層内で失ったエネルギーの分布を 3 次元的に定め，この吸収エネルギー分布をもって照射強度分布とするものである。

ただ，モンテカルロ法の難点は，多数の軌跡を求めなくてはならないため，計算時間が長くかかることである。

(3) 段差部での近接効果解析モデル

ウェーハ製造工程の過程ですでに段差が生じている表面上に電子ビームを照射したときには，平坦なウェーハへの電子ビーム照射と違って，図8.3に示すように，かなり異なった近接効果現象が現れる。この近接効果はパターンの短絡や断線の原因となる。そこで，この近接効果現象解析のモデルを考えてみる。図8.3は厚さ8000Åのポリシリコン層で凸の断層部があり，ウェーハ全面にPMMAレジストを塗布した状態で電子ビームを照射した後の現像後のパターンである。ポリシリコン断層近辺でパターンにくびれがみられるなど異なった近接効果が現れている。これらの様相を呈する要因は，断面の反射による効果，下地材質の差による効果があげられるが，特に反射が支配的であることが明らかになり，反射による解析モデルを中心に解析された。実際に蓄積電荷分布を計算機シミュレーションにより求めることで，段差部での反射の影響による蓄積電荷量の変化が確認された。

(4) 方形成形ビームの照射強度分布モデル

方形成形ビーム方式（シェープトビーム方式）は，方形パターンを単一図形単位で1ショットで照射するので，点ビーム照射方式に比べ照射時間を著しく短縮できるメリットはある。しかし照射ビームの強度分布がビーム中の電子のクーロン反発のために一定の照射強度を保つことができず，この単位図形内の照射強度が分布をもつという性質は，従来の点ビーム方式とは違う，新しい蓄積電荷の積分方法の検討が必要となる。

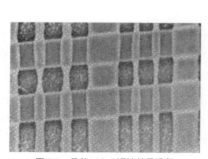

図8.3 段差による近接効果現象

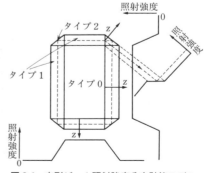

図8.4 方形ビーム照射強度分布計算モデル

方形ビームの照射強度分布は，実測値との比較から台形で近似されるが，X-Y方向に拡大するかたちの方形成形ビームでは，その分布は図8.4のようになる。これは，9つの領域が3つの異なるタイプの積分形で構成される。したがって，照射される蓄積電荷は，各々の領域に対応して蓄積電荷の積分がなされ集積されたものになる。

(5) ビーム走査方向，間隔の違いによるパターン形状依存性

電子ビームの走査方向および走査間隔の違いによる近接効果の変化を正確に算定するため，実際のビーム走査に対応した計算法を示す。この方法は，まず走査する線分上を電子ビーム照射したときの任意の点における蓄積電荷量を計算する。これをもとに，実際の露光パターンの場合の蓄積電荷量は，パターンを構成する各走査線分による影響の総和として計算される。

(6) 近接効果補正

近接効果は図形内近接効果と図形間近接効果とに分けられるが，それぞれの補正法として，図形内補正法では補正点ビーム照射方式，図形細分化に基づいた照射強度変更法，図形間補正では図形削除方式，図形単位の照射強度変更法などが代表的な補正法と考えられる。それぞれの補正を大容量パターンに施そうとしたときには，処理の高速化が補償されなければならない。そこで，有効な一つの方法として図形相互の位置関係から代表点を定めて，その位置の蓄積電荷量から各図形に施す補正量を定めるという代表点方式に基づく逐次決定法が提案されている。

（ⅰ） **照射強度変更法** 電子ビームの走査スピードを図形ごとに変えることによって蓄積電荷量を変える方式である。この構成法は，ある図形 A_{ji} について，近くに存在するすべてのパターン（近接図形）A_{ji}, …, A_{jm} を見出す，$k=1$, …, m について A_{jk} と A_j の間に代表点を決定し，その点での蓄積電荷量を計算して，もし蓄積電荷量の上限の制限 C_0 を超えているならば，図形の入射強度を順次減らして制限範囲内に蓄積電荷量を収める処理を行う方式である。

（ⅱ） **補正点ビーム照射方式** 図形内近接効果によるパターンひずみは，特に描画パターンの図形端で凸部が丸みをおびてしまうもので，これは図形端における蓄積電荷量不足に起因している。補正点ビーム方式とは，蓄積電荷量

が不足するパターンコーナー近辺（コーナーないしはその外側）に最適照射強度を持った点ビームを照射することにより，図形端部でのパターンの丸まりを防ぎ，より微細で正確な描画を実現する方法である。

図 8.5，図 8.6 に，実際に点ビーム補正法により微細パターンを正確に描いた例を示す[2]。なお，この場合は点ビーム補正法に加えて，図形内補正法での図形内削除法が一部組み合わせ用いられている。図 8.5 が通常の描画の場合で，図 8.6 が本方式を用いて補正したもので，線幅 0.5μm まで正確に描かれている。

この場合の補正法を具体的に説明するために計算機シミュレーションした結果が図 8.7，図 8.8 である。図 8.7 は通常の描画の場合で，A と B の図形に電子ビームが照射された結果得られる形状を示している。図 8.8 には本方式による自動補正法で得られた形状が示されており，黒点の位置に補正点ビームが照射され，パターン凸部の正確な描画を行うとともに，図形 B の一部が後述の

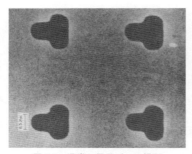

図 8.5 通常の電子ビーム描画

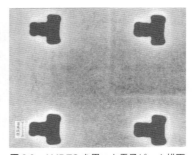

図 8.6 AMDES を用いた電子ビーム描画

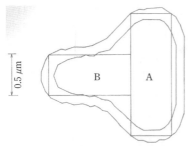

図 8.7 通常の電子ビーム描画の計算機シミュレーション

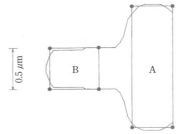

図 8.8 AMDES を用いた電子ビーム描画の計算機シミュレーション

図形削除方式により削除され，パターン凹部の正確な描画に寄与している。

（ⅲ）**図形削除法による近接効果補正** 近接効果の起こりそうな場所の図形は，設計寸法によりあらかじめ小さめの図形として電子ビームを照射し，結果として設計寸法に合ったパターンを得ようとする補正方法が図形削除方式である。特に図形間近接効果補正に効果があり，照射強度変更法に比べて，① EID 関数が距離の増加に対して指数関数的に減少するため，照射図形のわずかの縮小によって大きな補正効果が期待できること，②単一照射強度（同一のビーム走査スピード）のビームで露光させるために，ハードウェアとソフトウェアの両面において単純化がなされること，等の利点がある。図形削除方式の実施例として電子ビーム描画による補正前後の結果を図 8.9，図 8.10 に示す。近接効果の補正が正確になされていることが分かる。

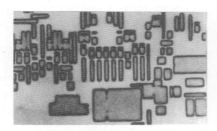 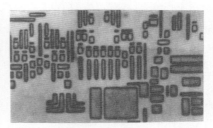

図 8.9 通常の電子ビーム描画　　**図 8.10** AMDES を用いた電子ビーム描画

（ⅳ）**同時決定法による近接効果補正法** 前述までの近接効果補正は，大容量データを高速処理するために図形を逐次取り込みながら処理する逐次決定法であった。しかし①先に補正される図形が後に補正される図形に比べて，より大きな補正を受ける場合があったり，②対称性のある図形に対して不均一な補正がなされるなどの問題を含んでいる。したがって，回路特性上，図形対称性が要求される場合には不都合を生ずる可能性がある。この問題を避ける方法として同時決定法がある。この手法では，回路特性上，特に対称性が要求されるパターン対においては，対となる相互に対応する対称位置の基準点に対して，両者の蓄積電荷量をより良く一致させるよう設定される。すなわち，両基準点での蓄積電荷量が等しくなるよう，その差をゼロに近づける処理がなされる。

8.1.3 ビーム偏向ひずみ

電子ビーム描画装置において電子ビームを偏向させる場合，光学系の描画装置に見られるのと同様にひずみを発生し，入力信号に対して完全に線形な映像を得ることができない。このひずみは特に描画の領域が広い場合に無視できなくなる。例えば，図8.11で示すように，最初のビーム位置はウェーハの中心を指し

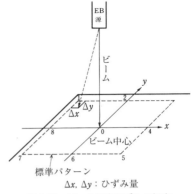

図 8.11 ビーム偏向ひずみの概念

$\Delta x, \Delta y$：ひずみ量

ているが，破線で描かれた基準パターン位置1～8のうち一点へビーム移動の指示を出すと，実際には指定した点より$\Delta x, \Delta y$だけ位置ずれを起こす。これが電子ビーム偏向によるひずみである。

描画する許容精度に応じて，ハードウェアを補正するかソフトウェアで行うかを判断する必要がある。ソフトウェアによる補正法を考えると，電子ビームの照射目標を示す座標の入力信号は，ひずみを含んだ写像関数Fを通して，実際に照射される点の座標信号となる。いま，写像関数Fの逆関数F^{-1}が求められるなら，その逆関数の値を照射座標として入力すれば，照射される点は初めの目標値と一致するはずである。一般に写像関数が与えられたとき，その逆関数F^{-1}の形を容易に求めることは困難であるので，ニュートン法に基づく反復法の近似計算により逆関数F^{-1}の値を直接求めていくことになる。

8.1.4 ウェーハそり補正

EB直接描画の際には，電子ビーム照射したウェーハに熱処理工程を行い，その後に再度電子ビーム照射するといった繰返し操作を行う。ウェーハが大口径になるに伴って繰返し行われる熱処理工程で生ずるそりは極めて大きなものとなる。図8.12はウェーハのそりの一例を示したもので，1100℃の熱処理工程を数回繰り返すことによって生ずる形状変形が200μm程度に及ぶ。したがって，ウェーハそりを考慮しないで直接描画を行っても，高精度なパターンは実

現できないことになる。

図8.12で示したそり変形は立体的なものであるが，電子ビームの照射位置決めを行う問題では，EBの焦点深度が深いために平面的なずれと認識して補正することができる。そりによる位置ずれを補正するために，ウェーハ上に任意の数のサンプル点（合わせマークに対応する）を置き，変形前と後の平面的な座標を測っておく。測定点を基準にして，曲面を多数の三角形に分割し各々を3次関数または1次関数で近似

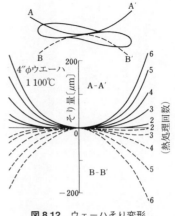

図8.12 ウェーハそり変形

する曲面近似法を用いることで，ウェーハ上の位置のあらゆる点について，その変形前の座標から変形後の座標を推定できる。

各ウェーハは，その初期条件と熱処理プロセスが同じなら，ほぼ同じ傾向のそりを生じることが知られているので，パイロットのウェーハに対してモデル点を何点かとり，その変形前と後の座標の関係をあらかじめ求めておくことにより，それと同一の初期条件と同一の熱処理を施すウェーハのそりの形状は，それぞれのウェーハ上のサンプル点の位置ずれだけから推定することが可能となる。

実際には，ウェーハ上の全図形それぞれに対して変換を行っていたのでは時間がかかるので，各チップのウェーハ上での位置ずれだけを求め，チップ内の図形の補正は座標系の平行移動，回転移動だけで行うことを試みる。すなわち，チップ上の任意の3点の変形前と後の座標を求め，それからチップの座標系を求め，ビームに対して逆変換を施すことにより，パターンごとの変換を行わなくてもチップ上の任意の図形を描くことを実現できる。

この補正方法を用いたとき，どの程度の誤差範囲で近似できるかを確認する。ウェーハ上の有効面積を10cm角とすると，ウェーハそりによるパターンの最大位置ずれは10^{-4}cm程度である。次にサンプル点（以下SPと略す）とモデル点（同様にMPと略す）について，その分布の点数を表8.1で示す5種類の

サンプル点とモデル点の分布図

```
    S E S E S E S E S
    E E E E E E E E
    S E S E S E S E S
    E E E E E E E E
   -S-E-S-E-S-E-S-E-S-
    E E E E E E E E      5cm
    S E S E S E S E S
    E E E E E E E E
    S E S E S E S E S
```

S：サンプル点
E：モデル点
SP＝25，MP＝56

表 8.1 諸条件における最大誤差量

条件	サンプル点	モデル点	最大誤差 [μm]
ⓐ	9	0	0.355
ⓑ	9	72	0.021
ⓒ	25	0	0.044
ⓓ	25	56	0.010
ⓔ	81	0	0.005

組み合わせに設定し，これらと誤差精度の関係を見た。ここで $\hat{x}$ はウェーハ変形前の座標 x に対する変形後の値を示す。同表によって補正処理の結果，$\hat{x}-x$ の真値と補正によって得られた近似値との間にどの程度の開きがあるかが明らかになった。MP＝0 で，SP を 9 から，25，81 と増す

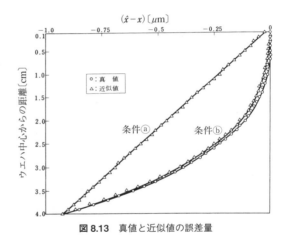

図 8.13 真値と近似値の誤差量

に従って精度がよくなっている。しかし，SP が少なくても，MP を多く加えることによって，かなりの精度まで向上できることが分かる。例えば，ⓐの場合，SP＝9 点の位置合わせだけだとウェーハ上で 0.355μm の誤差を生ずるところであるが，72 点の MP を与えることによって最大誤差を実用上支障のない 0.021μm までに抑えられることが分かる。ウェーハの中心を通る x 軸上で 0～4cm を 20 等分し，条件ⓐおよびⓑにおける $\hat{x}-x$ の真値と近似値とを同一スケールで示し比較したのが図 8.13 である。条件ⓐの場合で，グラフの両端で真値と近似値が一致しているのは，両端に SP があるためである。その間に SP が存在しないために，$x=2.2$cm の近傍で約 35×10^{-5}cm の最大誤差を生じ

ている。条件ⓑのように，両端の間に MP を 3 点（$x=1$, 2, 3cm の点）入れた場合には，真値と近似値がかなり一致しているのが分かる

　本電子ビーム描画ソフトウェアシステムは，近接効果補正からウェーハそり補正まで広く機能を備えた，従来にはない総合的システムであり，近接効果補正での補正点ビーム方式など多くの独創的な技術を持つまさに先進的なシステムであった。

　なお，本システムの研究により，本プロジェクトのリーダー杉山尚志氏（NEC 日本電気出身）は東京大学より工学博士の学位を授与された。

8.2　試験評価基礎技術 [3]

　超 LSI の試験評価技術は，デバイスの設計から解析評価，テスト評価まで，広範囲な領域になるが，ここではそれらの開発例として，赤外線走査方式精密温度測定技術，レーザー走査非接触デバイス評価技術および超 LSI テストへの超高速テストパターン技術の開発を紹介する。

8.2.1　赤外線走査方式による精密温度測定システム [4]

　超 LSI におけるチップの熱設計・評価を目標として，赤外線走査方式による IC 表面温度分布測定システムを開発した。これまでも赤外線により IC 表面の温度分布を調べ利用する試みはあるが，IC の表面には Al，Si など各々熱放射率が異なる多くの構成物質が混在しているため，正確な温度分布が測定できなかった。

　本システムでは新しく放射率較正方式を開発し，これまで実現できなかった IC 表面各部の物質による赤外線放射率の相違の補正がなされるようになり，自動的に計算補正して温度を算出し，これをカラーディスプレイ出力で表示している。これにより，従来はできなかった IC チップ上の素子レベルでの微細な構造に対応する正確な温度分布を表示することを可能にしたものである。具体的には，本システムでは IC の温度分布測定面の各部について赤外線放射強

228   8 デバイス基礎技術および試験評価基礎技術

(a) 概観

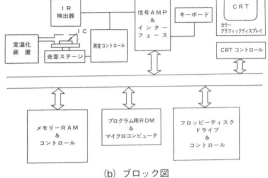

(b) ブロック図

図 8.14　IC 温度分布測定システム

度と温度との関係を測定し記憶させた較正データを作り，これをもとに観測しようとする IC 動作時の赤外線放射強度を自動的に温度換算することにより，真の温度分布を測定可能にした。

図 8.14 に本システムの概観とブロック図を示す[4]。このシステムに測定資料として用いられた IC を図 8.15 に示す。ここで得られた放射

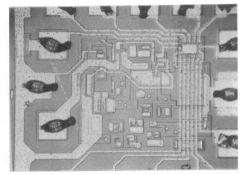

図 8.15　IC パターン

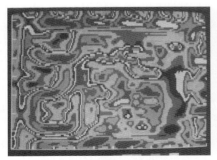

図 8.16　放射率較正前データ

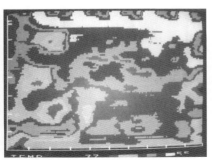

図 8.17　放射率較正後温度分布図

率較正前の熱放射分布データは図8.16のようになり，温度分布と各物質による放射率分布との重畳したものしか得られていないことを示している．さらにこれを本システムでの較正データから換算処理され自動較正処理されることにより図8.17のような真の温度分布が得られる．

8.2.2 レーザー走査型デバイス解析システム[5]

デバイスの微細化，高集積化に伴い，デバイス解析のためチップ内部に機械的な探針を用いての特性のチェック方法は不可能となりつつあり，非接触微細プローブによる解析技術がLSI，超LSIの試験評価に不可欠となってきた．

本システムはレーザーによる非接触微細プローブと評価用信号発生，画像データ処理などの評価解析機能を組み合わせて構成されたデバイス解析システムである．すなわちこのシステムでは，実際に動作中のデバイスに対しレーザーを照射し，内部の特定箇所の論理信号の検出などの電気信号の検出を非接触で行うことを可能にしたものである．さらに，この結果はカラー表示される．またレーザー光源にはHe-Ne緑色レーザー（波長632.8nm）が使用されるが，さらに短波長のアルゴン紫外線レーザー（波長351.364nm）を使用して分解能の向上が図られている．図8.18に本システムの全体写真を示す．

図8.18 レーザー走査形デバイス解析システム

230   8 デバイス基礎技術および試験評価基礎技術

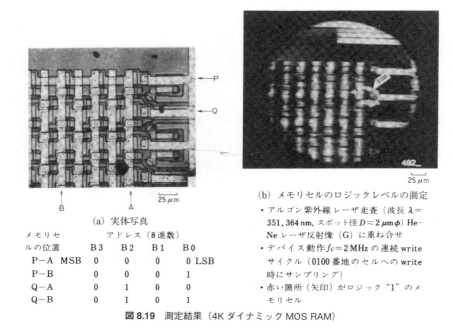

(a) 実体写真

メモリセ ルの位置	アドレス（8進数）			
	B3	B2	B1	B0
P−A MSB	0	0	0	0 LSB
P−B	0	0	0	1
Q−A	0	1	0	0
Q−B	0	1	0	1

(b) メモリセルのロジックレベルの測定
- アルゴン紫外線レーザ走査（波長 $\lambda=$ 351, 364 nm, スポット径 $D \approx 2\mu m\phi$）He-Neレーザ反射像（G）に重ね合せ
- デバイス動作 $f_C=2$ MHz の連続 write サイクル（0100 番地のセルへの write 時にサンプリング）
- 赤い箇所（矢印）がロジック"1"のメモリセル

図 8.19　測定結果（4K ダイナミック MOS RAM）

　本システムは4つの主なユニットで構成されていて，①レーザー走査顕微鏡ではレーザー光源からのビームを微細スポット（$2\mu m\phi$）に絞ってデバイス上を2次元走査させる，②LSI評価ユニットでは実際に解析するデバイスの機能動作（最大10MHz）を行うとともに解析測定のためのサンプリングパルスを作る，③微小信号検出増幅ユニットではデバイス動作に起因する大信号（電源電流変化）の中からレーザー照射による微小光電流のみをサンプルホールド検出する，④画像データ処理ユニットでは測定した信号を実時間で記憶し，そしてマイクロプロセッサーでデータ処理して必要な情報（メモリセルの論理レベルなど）がカラー表示される．

　実際に4KダイナミックMOS RAMについて測定がなされた．図8.19（a）がその実態写真であり，図8.19（b）が測定結果である[5]．メモリの0100（8進数）番地のセルに1がwriteされる位相でサンプリング測定をし，該当セルの1信号が検出されて赤く表示（矢印）され，さらに位置を明確にするための

He-Ne レーザー反射像（緑）に重ね合わされている。

8.2.3 超 LSI テスター指向超高速テストパターン発生装置[6]

　超 LSI テスターの実現のためには，その中核となるテストパターン発生装置の高速化・多機能化がキーポイントとなる。本装置は並列処理方式を導入し試作開発された超高速テストパターン発生装置である。本パターン発生装置は 8 ビット構成のプロトタイプ装置であるが，パターン並列処理方式の採用により 200〜300MHz の超高速動作を実現し，従来装置に比べ一挙に 3〜10 倍の高速化が達成された。

　図 8.20 に試作装置の外観写真を示す[6]。このパターン並列処理方式では，従来 1 ステップごとに順次演算発生していたテストパターンを，数ステップ（この場合は 8 ステップ）を 1 ブロックにまとめて並列に同時に演算処理し，これを順次出力パターンとして高速で送り出すことにより高速動作を得ている。さらに，パターンをブロック単位で扱うことにより複雑なアドレス演算を簡単化することが可能になった結果，超高速であるとともに発生パターンとしてランダムパターンの他にメモリーテストに使われるピンポン，ギャロッピング，マーチングなどの複雑なアドレスのアルゴリズミックパターンも速度を損なわずに自由にプログラムが可能となり，テストパターン発生装置として自由度の非常に高い装置が実現された。図 8.21 はピンポンパターンの例である。パター

図 8.20　超高速パターン発生装置

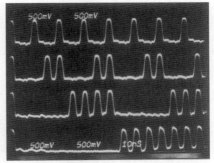

図 8.21　超高速出力パターン（300MHZ）
（ピンポンアドレスパターン）

232   8 デバイス基礎技術および試験評価基礎技術

ン発生速度は 300MHz である。

　本開発装置によりパターン発生装置の超高速化が実現され，これは今後の超
LSI に向けた超高速 LSI テストシステムの実現に大きく寄与するものである。

8.3　デバイス基礎技術 [7]

　ここでは，将来の超 LSI へのデバイス基礎技術の研究開発で，その物理限界
への検討や，特に注目されている自己整合技術等の概要を紹介する。

8.3.1　概　要

　超 LSI 技術はその目指す集積規模が大きく，まさに IC（integrated circuit）
から IS（integrated system）に移行する技術であるといえる。このためには低
消費電力で高速動作を実現する，すなわち低エネルギー回路が不可欠になる。
また超 LSI の進展に伴いその物理限界も常に意識される。このため，低エネル
ギー化に関連してロジック回路の性能指数および物理的な限界について概略的
な検討を行った。

　一般的にロジック基本回路において，その持つエネルギーを E，動作速度を
T としたとき，その積 ET はこれを H とすれば

$$H = E \cdot T \qquad (\text{J} \cdot \text{S/bit})$$

となり，H は単位情報処理能力 bit/S を実現するのに必要な論理エネルギーと
解釈することができる。この H は各々のロジック回路の持つ論理動作の基本
量ともみなせるものであり，ここではこれを論理量子と呼ぶことにする。論理
量子の物理的極限は，一つの電子のエネルギー変位量や光の 1 サイクルを究極
の 0，1 とする論理動作に対応するものとすれば，論理情報の自然界での最小
単位としてのプランク定数と考えられ，ハイゼンベルクの不確定性原理からこ
れ以下の量は存在し得ない。

　これらをまとめて図 8.22 に示す。この図からも分かるように，現在のロジッ
ク回路はまだ物理的な限界からはるかに離れていると考えられるが，ジョセフ

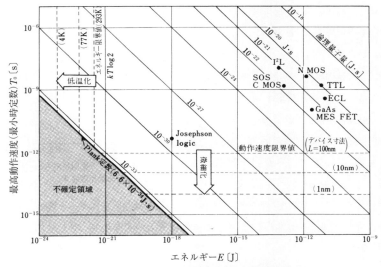

図 8.22 ロジック回路の論理量子量と物理的限界値

ソン素子のようにかなりこれに近いものもあることが注目される。

　一方，微細加工技術の進歩が進む中で，デバイス形成に際し最小寸法の 1/4 〜1/10 程度の微細な位置合わせ精度を要求される幾層ものマスクパターンの重ね合わせ技術の問題があり，これらは素子の微細化に伴い実現が一層困難になっていた。

　この課題を解決して，今後の素子の微細化，高性能化に不可欠であり将来さらに重要性を増す技術として，これらの微細な位置合わせを必要としなくなる自己整合技術（いわゆるセルフアライン技術）の研究に注力し，DSA，MSA，QSA などを開発した．以下にこれらの技術の概要を紹介する．

8.3.2 DSA

　DSA（diffusion self-aligned）MOS トランジスタは，MOS トランジスタの高周波特性を改善すべく開発された．これは，通常の MOS 素子では高性能化のため短チャネル化を目指すとき，加工精度的な限界もあり特性のバラツキや劣化を生じてしまい，チャネル長をある値以下にすることは困難であるのに対し，

DSA MOS トランジスタでは，自己整合機能による同一位置決めからのより精密な不純物拡散法を適用し，高精度な実効的短チャネルを実現し，高速化を可能にしている。

図 8.23 は DSA MOS トランジスタの原型の断面構造図である。高抵抗 p 型基板上で，ソース領域側に実効短チャネル領域となる高不純物濃度の P$^+$ チャネル領域が構成されるが，これは本来ソース領域を形成する n 型不純物と同じ導入窓から自己整合の形で拡散されるもので，その領域の長さ L_B は両不純物の拡散長の差により高精度に決定され短チャネルを構成する。

実際に DSA MOS トランジスタの短チャネル性能を確認すべく，0.5μm まで微細なデバイス試作を行った。比較のため NMOS トランジスタも同時に作成した。両者とも基本的にはシリコンゲートプロセスを用いたが，微細パターンを実現するために全エッチング工程をドライエッチングとした。

図 8.24 は DSA MOS トランジスタのしきい値電圧 V_T とドレイン耐圧 BV_{DS} の特性を示す。特に短チャネルの領域において，DSA MOS が従来の NMOS に比べ，より安定したしきい値電圧と，より高いドレイン耐圧をもつことが分かる。

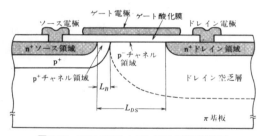

図 8.23 DSA MOS トランジスタ断面構造図

実際に DSA MOS 素子を用い高速化を目指した 5V 単一電源による 1 キロビットスタティック RAM を設計試作した。ここでは，ソースドレイン距離 1μm，拡散領域幅 0.2μm の DSA MOS トランジスタが用い

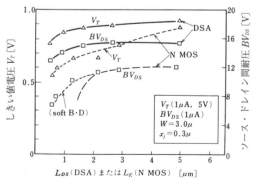

図 8.24 しきい値電圧およびソース・ドレイン耐圧のチャネル長依存性（DSA & N MOS）

られた．その結果，アクセス時間 8nS，消費電力 400mW の性能が実現された．

8.3.3 MSA

MSA（multiple wall self-alignment）技術とは，シリコンウェーハ上に図 8.25 に示されるように 2 枚の相対するレジスト壁を設け，横方向から平行ビームを適当な入射角で照射したとき，2 枚のレジスト壁で挟まれた領域はレジストで覆われていないにもかかわらず，壁の陰となって平行ビームの照射を受けないという特徴を利用して，必要な箇所にのみ選択的にイオン打ち込みあるいはイオンエッチング加工して，1 枚のガラスマスクで MOSFET のソース・ドレイン・ゲート領域および各々の電極を形成する，あるいはバイポーラトランジスタの場合に，エミッター・ベースおよび各々の電極の形成を可能にする方法である．

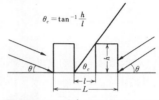

図 8.25 MSA プロセスのシャドウ効果の説明図

図 8.26 にこの MOSFET のプロセスステップを示す．このプロセスの特徴は，ソース・ドレイン・ゲートの各々の領域と電極の形成が，通常は必要とする 3〜4 枚のガラスマスクを，自己整合構成により 1 枚のガラスマスクによって決定されることである．

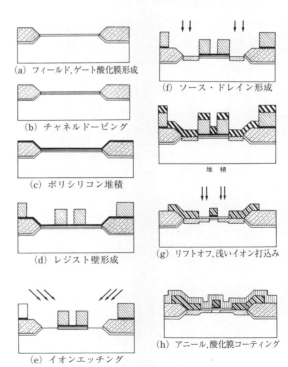

(a) フィールド，ゲート酸化膜形成
(b) チャネルドーピング
(c) ポリシリコン堆積
(d) レジスト壁形成
(e) イオンエッチング
(f) ソース・ドレイン形成
 堆積
(g) リフトオフ，浅いイオン打込み
(h) アニール，酸化膜コーティング

図 8.26 MSA MOS のプロセスステップ

この MSA 技術は，1 トランジスタ 1 キャパシタのメモリセルを有するダイナミックメモリに応用する場合の構成とプロセスについて検討が加えられている。

8.3.4 QSA-SHC RAM

ここでは，新しく開発された QSA-SHC（Quadruply Self-Aligned Stacked High-Capacitance）RAM による 1 メガビットメモリ実現への基本検討について述べる。

高集積化大容量メモリには，一般的にスイッチング用トランジスタとメモリ用キャパシタとによる 1 トランジスタ・1 キャパシタのダイナミックメモリが採用されているが，QSA-SHC RAM は高性能で微小な QSA MOS トランジスタと大容量小面積の SHC キャパシタとによる 1 トランジスタ・1 キャパシタダイナミックメモリセル構造としてセル面積の微小化を極限まで推し進めた超 LSI メモリを提案するものである。図 8.27 には QSA-SHC RAM セルの 2bit 構成での構造を示す。

ここでは，まずメモリセルのスイッチングトランジスタに図 8.28 で示す自己整合を徹底的に追求し，従来の MOS トランジスタで要求される複雑な目合わせマージンを必要とせず素子の微小化を実現した QSA MOS トランジスタを導入しトランジスタ素子の小型化を図った。すなわち，QSA の自己整合性に

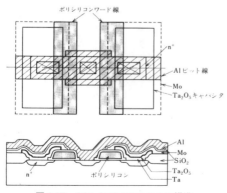

図 8.27 QSA-SHC RAM セルの構造

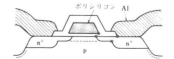

図 8.28 QSA トランジスタの構造（●印の四点が相互に自己整合構造になり小さい面積を実現している）

8.3 デバイス基礎技術 237

より，目合わせマージンから生ずる面積の無駄をなくして非常に小さな面積で
高性能のスイッチングトランジスタを実現した。

ここで QSA MOS トランジスタについて，まず図 8.28 に QSA MOS トラン
ジスタの構成を示す。図 8.28 の中で◉印で示された，ゲート，浅い n^+ 拡散層，
深い n^+ 拡散層，コンタクト接続の 4 つが互いに自己整合（quadruply self-
aligned）構造で形成されており，したがって QSA（Quadruply Self-Aligned）
MOS と呼ばれる。

一方，メモリキャパシタについては，これをスイッチングトランジスタの上
に積み重ねるスタック構造としてセル面積の低減を図るとともに，キャパシタ
自身もその誘電体材料として大きな比誘電率を持つ五酸化タンタル Ta_2O_5 を導
入することにより単位面積あたりの容量を従来のセルの約 5 倍（したがって同
等容量を得るには 1/5 のキャパシタ面積）とすることを可能にし，大容量小面
積化を実現した SHC スタック型キャパシタ（stacked high-capacitance）の構
成を実現した。

このように，高性能で微細な QSA MOS トランジスタと大容量小面積の
SHC 容量セルの構造の実現により，メモリセルを縮小してもキャパシタの容
量を大きく保持できて，さらにまた，セルのキャパシタをスイッチングトラン
ジスタの上に縦積みにする構造にした結果，キャパシタを配置するためのチッ
プ面積は不要となり，セル面積は微細な QSA MOS のスイッチングトランジス
タのみで決まるようになり，この結果 1 トランジスタダイナミックメモリセル
（プレーナー型）の理論的極限とも言うべき $2F \times 3F$（F；最小寸法）の最小極
限セル面積の構成が可能となった。

本メモリ構成に基づき，実際に 1M ビット RAM 実験試作チップが，最小寸
法 2μm ルールで設計された[8]。これは 1M ビット RAM のチップイメージの可
能性を具体的に示すためのもので，図 8.29 に 2μm ルールでの 1M ビット RAM
のチップパターンを示す。チップサイズは $9.2 \times 9.5mm^2$（Cell size は約 $3F \times 4F$
とした $6.5 \times 8\mu m^2$）で，アクセス動作時間はシミュレーションによって 170nS
となった。

8 デバイス基礎技術および試験評価基礎技術

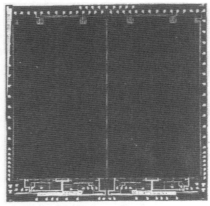

図 8.29 1M ビット RAM のチップパターン

8.4 現在のデバイス並びにスーパーコンピュータ等システムの動向
（性能評価指標；情報量子の展開）

　デバイスについては，素子の微細化自己整合化の著しい進展もあるが，デバイス素子での新しい FinFET, GAA さらには CFET など素子構造の立体化や，メモリでのメモリ多層化構造など素子の立体化が急速に進み，今やギガバイト，テラバイトの半導体メモリ（SSD メモリ）が身近となり，当時の想定をはるかに超えて高集積，高性能化が進んできた。

　一方，いつの時代でもデバイス性能に関しその物理的限界が常に注目される。共同研の当時は，まず論理回路の性能指標として論理量子 H を提案した。その限界はプランク定数になるが，将来それは量子の世界への繋がりを想定させた。

　実は近年ふとスーパーコンピュータの性能指標として，先の論理量子の考え方が応用できるのではないかと考え，改めて検討を加えて見た。今や超 LSI の代表的システムと言えるスーパーコンピュータだが，周知の通り，この世界では毎年春秋2回，演算速度（FLOPS；Floating-point Operations Per Second, 浮動小数点演算速度）と省エネルギー性（FLOPS／W）で世界ランキング（Top500, Green500）が競われており，世界の注目を集めている[9]。

すなわち，スーパーコンピュータではその性能は動作時間 T（1/FLOPS）と動作エネルギー E（W/FLOPS＝J/FLOP）とで規定される．なお，先の省エネルギー性特性 FLOPS／W はこの動作エネルギー E に相当し，時間要素を含まない静的特性である．両者の積 H をとって，これをその性能指標とすれば，これは各コンピュータシステムが各々独自に持つ情報処理機能の最小基本単位にあたるもので，ここではこれを情報量子 H とする[10]．

$$H = E \cdot T \qquad (\text{J·S/FLOP or J/FLOPS})$$

すなわち，情報量子 H は 1FLOPS の動作速度を実現するのに必要なエネルギーに対応する．図 8.30 では前記ランキングトップの主な歴代コンピュータでの性能推移を示す．この図から，コンピュータの性能向上は，まさにこの情報量子量低減の方向を目指して一直線に進んでいることが分かる．

ただ，現実の大規模なスーパーコンピュータでも計算能力が足りず，電力消費量の厖大化が問題視されており，今後も高性能化が求め続けられると考えられる．

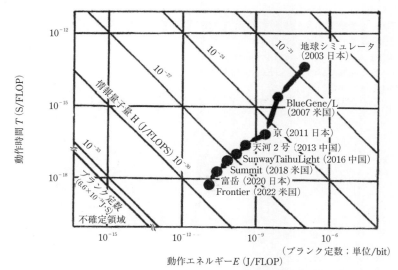

図 8.30 情報量子量でみるコンピュータ性能向上の歴史

最近は飛躍的な性能向上を目指し量子コンピュータが注目されているが，これはある意味で量子レベルの物理現象を直接扱う一種のハードウェアシミュレータとも考えられ，従来のコンピュータとは動作原理が異なり比較が難しくなる。しかし，物理限界の追及を勘案すると，究極の限界値プランク定数に繋がるこの情報量子の考え方が，この種のコンピュータを含めた性能評価指数として有効になるのではないかと考えられる。意外な時期に意外な分野において，再びこの性能指標の考え方がいまに繋がるのは，少なからず驚きを感じる。今後の展開が期待される。

参 考 文 献

1) 垂井編：" 超 LSI 技術 " 2-3，オーム社（1981）．
2) 超 LSI 技術研究組合（共同研究所）発表資料，電子ビーム描画ソフトウェアシステムの開発（S55.3）．
3) 垂井編：" 超 LSI 技術 " 7，オーム社（1981）．
4) 超 LSI 技術研究組合（共同研究所）発表資料，赤外線走査方式 IC 温度分布測定システムの開発（S55.3）．
5) 超 LSI 技術研究組合（共同研究所）発表資料，レーザ走査形デバイス解析システムの開発（S55.3）．
6) 超 LSI 技術研究組合（共同研究所）発表資料，超高速パタン発生装置のプロトタイプ開発（S55.3）．
7) 垂井編：" 超 LSI 技術 " 8，オーム社（1981）．
8) K. Ohta, *et al.*: *IEEE Trans. ED*, Vol. ED-29, p.368, No.3, Mar. 1982.
9) List from Top500 org. Green500 org.
10) 清水京造：c-012, FIT2017 論文集，1，p.223（2017）．

お わ り に

　まず，表題にある波及がどのような分野であったのかを改めて述べておきたい。超 LSI 共同研究所では超 LSI を作ることはせず，もっぱらその基礎的・共通的技術である超 LSI の製造装置と，シリコンウエーハと電子ビーム用レジストなど重要な材料を研究開発した。これらの製品が当時の世界レベルを超えていたため，共同研が 1980 年に解散するとき，これを共同研の母体である富士通，日立，三菱，日電，東芝の 5 社に移転し装置と材料を使ったところ，世界水準を超える製品の開発に成功した。

　ところがその後，この 5 社が互いに日本一を争って，5 社の生産の合計が世界シェア 50％に近づき遂に超えるまで，コンペティターであった米国への配慮は全くなく増産を続けてしまった結果，日米貿易摩擦となり，米国からの極めて日本側に不利な協定を結ばされて，これから日本デバイスのシェアの低下が始まるのである。

　超 LSI の生産は落ちても共同研で開発した製造装置・材料は健在である。本文で述べた電子ビームによるマスク製造装置，電子ビームによる直接ウエーハ描画装置，ステッパー・シリコンウエーハなどは共同研解散後 30 年を超えても世界シェア 50％以上を保っていた。

　まず，電子ビームマスク描画装置は，第 5 章で詳述したようにこの装置の製造ためにニューフレアテクノロジー社が設立され，共同研解散後約 40 年にわたって 70〜80％の世界シェアを保っていたが，第 4 章で述べた日本電子がオーストラリアの TMF 社との共同で約 26 万本のマルチビームマスク描画装置を売り出すと，ニューフレアテクノロジー社のシェアが低下し始めた。同社もこれを予測して対処していたようで，2020 年に東芝デバイス＆ストーレッジ社の 100％の子会社となった。その目的の一つが，マルチビーム描画装置のキーテクノロジーであるブランキング・アパーチャーアレイ（BAA）の完成といわれている。

この BAA は CMOS 上に MEMS を積層した 2 層構造で，512×512 本の電子ビームを高精度に制御するキーデバイスである。これによってニューフレアテクノロジー社も IMF 社と違う方式でマルチビームマスク描画装置を開発している。しかし本書 46-47 頁に示したように，IMF-JEOL 連合が開発した第 3 世代機は，59 万本の電子ビームと転送速度が 450Gbit/sec であり，現在最先端の 3nm ノードから 1.4nm ノード用マスク作成までできるといわれており，ニューフレアテクノロジー社の対応が待たれるところである。

ステッパーについては，本書 22-23 頁に書いたように昭和 43 年頃に電子ビーム描画装置でのチップの位置決めのためにレーザー光による位置決めの発注に際してニコンの吉田氏に来ていただいて，今考えると電子ビームにおけるステッパーと呼べる物を注文した。その後吉田氏はその後ニコン社内で考えた光学的なステッパー，現在のいわゆるステッパーを考えて 45〜46 年頃に GCA のデビットマン社長らにプレゼンテーションした。そのとき社長は一回一回アラインメントをするのはスループットが得られないからだめだと受け入れなかったのに，後に製品化したと聞いた。そんな経過から私は最初からニコンのステッパーは重要だと考えていたが，ニコンは共同研からの注文をなかなか受け入れなかった。

一方，キヤノンは注文はすぐに受け入れるし，i 線ステッパーの生産拡大のため宇都宮工場をごく最近 2〜3 年前に建設して生産を拡大したように商売上手の感じがある。

この本の内容については，難しくて読みにくい部分があることに関して弁解のようなことになるが，執筆者の皆様に依頼したときの文章を以下に転載させていただく。

今回，全国書店での発売，是非，売れる本にしたいです。細かく見出しをつけて，読みやすくしてください。
  1. 内容は共同研でやった研究を簡単に紹介，その分野のその後を知っている方はその状況，知らない人はその後自分が歩んだ道，共同研の経験が役

立った話，思い出など。

2. 共同研終了直後に書いていただいたオーム社の本は素晴らしい細かい図面を沢山収録していますが，今回は読み手が気楽に読めるように，簡単な図を選んで沢山載せ，文章を判りやすくして，正確さよりも気楽に読める読み物にしたいと考えています。

3. ページ数　200頁，2,000円位を目標にしています。発行元は丸善プラネット予定。原稿締切りは9月末日。

　この私の依頼に一番答えてくれたのは多田さんであろう。難しい内容にもかかわらず，図は分子式ただ一つ。読み手は何とかこの式を理解したいと思い文を読むとこれがまた雑談を交えた読みやすい読み物になっている。彼については入所の時から印象が残っている。たった一人で所長室に挨拶に来て"電子ビーム用レジストをやる"というので，レジストは電気屋に取っては分かりにくい，研究の指導原理を示して欲しいとお願いしたところ，その後の研究により正にそれを示してくれた。

　ただ一人といえば，私，室長，所長，教授と大勢の部下に恵まれたが，正月の年賀に見えたのはただ一人，武石さんであった。しかも玄関でなく，庭を通って居間に現れたのである。東芝でも社長さん方に可愛がられたのには，そのような気遣いの細かさもあったように思う。

　多くの成果を生み出した超LSI共同研究所のような組織形態は残念ながらその後の日本にはなく，口絵⑦の下段に示した欧米の研究所にあるのみである。今後は，共同研とは別の組織であるが，東大のd. labがいかにLSIの立体化を実現するか，ラピダス社がQTATのために電子ビーム描画をいかに利用するかに注目している。

　更には，この立体化と，小，中規模生産用のマルチビーム直接描画によるQTATシステムの研究のための共同研究所の設置を提案する。

垂 井 康 夫

監修者

垂井康夫（たるい　やすお）

1929年東京小石川生まれ，1951年早稲田大学第一理工学部電気工学科卒業後，工業技術院電気試験所入所。以降，IC（集積回路）の開発に従事，1965年工学博士（東京大学）ショットキーTTL素子，電子ビーム描画装置，LSIテスター等を発明，開発し，半導体産業の発展に寄与した。1976年超LSI技術研究組合共同研究所所長に就任，各メーカーから出向して来た研究員を統率し多大なるリーダーシップを発揮した。その後東京農工大学，早稲田大学において，学生，研究者の指導に当たる。東京農工大学名誉教授，現在カシオ科学振興財団理事

超LSI共同研究所同窓会幹事

保坂純男（ほさか　すみお）

1948年山梨県生れ。1971年㈱日立製作所中央研究所入所，荷電ビームを用いた半導体リソグラフィの研究開発に従事。超LSI共同研究所出向後，中央研究所，基礎研究所を経て2001年から群馬大学工学部教授としてプローブ顕微鏡による原子像・電磁気像観察，原子操作や電子描画によるナノメートル加工・デバイスの研究に従事。現在，群馬大学名誉教授。

千葉文隆（ちば　ふみたか）

1950年岩手県奥玉村生まれ。1974年NEC日本電気入社。集積回路事業部でマイクロコンピュータ草創期の4，8，16ビット・マイコンの開発に従事。超LSI共同研究所でメカトロニクスの塊り電子ビーム描画装置（VL-R1）の研究開発に従事。1980年帰社後，システムLSI開発本部でゲートアレイの5千品種開発出荷などに従事。

超LSI共同研究所とその波及
日本半導体製造装置・技術を世界一にしたプロジェクト

2025年3月12日　初版発行

監修者	垂井　康夫　ⓒ2025
発行所	丸善プラネット株式会社 〒101-0051　東京都千代田区神田神保町二丁目17番 電話 (03) 3512-8516 https://maruzenplanet.hondana.jp
発売所	丸善出版株式会社 〒101-0051　東京都千代田区神田神保町二丁目17番 電話 (03) 3512-3256 https://www.maruzen-publishing.co.jp
組版	株式会社明昌堂 印刷・製本　富士美術印刷株式会社 ISBN　978-4-86345-578-8　C3054